地区建筑研究

——1——

2015、2016年地区建筑学术研讨会文集

The Research of Regional Architecture: Collection
of Invited Speeches from the 1st and 2nd Academic
Conference of Regional Architecture 2015–2016

单 军 张 弘 孙诗萌 编

中国建筑工业出版社

图书在版编目（CIP）数据

地区建筑研究1／2015、2016年地区建筑学术研讨
会文集单军，张弘，孙诗萌编. —北京：中国建筑工
业出版社，2019.3
ISBN 978-7-112-23190-4

Ⅰ.① 地… Ⅱ.① 单… ② 张… ③ 孙… Ⅲ.① 建筑
科学－研究 Ⅳ.① TU

中国版本图书馆CIP数据核字（2019）第010735号

2015、2016年"地区建筑学术研讨会"分别在清华大学、天津大学
召开，来自国内外地区建筑研究与实践领域的40余位专家学者作了精彩
的专题报告和论坛发言。本书分"研究篇""实践篇""论坛篇"三部
分收录了这些报告与发言，用以呈现当代地区建筑领域的核心关注问题
和最新成果。

统稿整理：连　璐
责任编辑：陈　桦　王　惠
版式设计：锋尚设计
责任校对：王　瑞

地区建筑研究1

2015、2016年地区建筑学术研讨会文集

单军　张弘　孙诗萌　编

*

中国建筑工业出版社出版、发行（北京海淀三里河路9号）
各地新华书店、建筑书店经销
北京锋尚制版有限公司制版
北京市密东印刷有限公司印刷

*

开本：880×1230毫米　1/16　印张：13¼　字数：371千字
2019年5月第一版　　2019年5月第一次印刷
定价：59.00元
ISBN 978-7-112-23190-4
（33267）

目录

论·坛·篇
FORUM

附·录
APPENDIX

后·记
POSTSCRIPT

研·究·篇

RESEARCH

地区建筑学的
发展与展望

吴良镛

中国科学院院士、中国工程院院士
清华大学建筑学院教授

九十老翁，承担学术会议的主旨报告已感力不从心，唯我的治学历程与国内"地区建筑"的源起与发展一度有关，因此勉为其难，再作思考，立足在我国发展的基础上看世界的发展形势。今天所讲的题目与我的学术观点是一致的，即学术的发展始终要考虑到国家的发展。

1 对地区建筑学的认识

1.1 1948~1950 年我在美国学习的一段经历

故事要从1948~1950年我在美国学习时的一段经历讲起，至今已有60余年。1947年，20世纪十分活跃的美国建筑学家希区柯克（Hitchcock）和菲利普·约翰逊（Philip Johnson）联合将欧洲现代建筑的四位大师推向美国，在纽约现代艺术博物馆（Museum of Modern Art）举办了展览（Modern Architecture: International Exhibition）并开了座谈会，提出了"国际式风格"（International Style）。

路易斯·芒福德（Louis Mumford）也参加了这次会议，并提出了"地区形式"（Regional Style）的概念。由于自20世纪二三十年代起现代建筑思潮已风起云涌、甚嚣尘上，芒福德于是以两个地方作为案例支持他的观点，一个是新英格兰地区（New England），另一个就是旧金山湾区（San-Francisco Bay Area）。当时我作为学生，对这场论战很感兴趣，后来还特别去到新英格兰地区欣赏白色木板房的地方风格建筑以及当时作为旧金山湾区风格代表的格林兄弟（Green & Green's）的作品。当时我还拜访了"地区主义"的倡导者之一、时任加州大学伯克利分校建筑学院院长伍斯特（William Wurster）和鲍尔（C.Bauer）教授，也认识了一位很有名的园林专家、《园林为市民服务》（*Gardens are for People*）一书的作者Thomas Church，他在湾区做了很多园林住宅设计，我在离美之前还和他一起参观了旧金山湾区的规划展览。凡此种种，皆记忆犹新。

1.2 现代主义与地区主义之辩

留美期间，MOMA提出的现代主义"国际式风格"与芒福德所提出的"地区形式"之争辩一直印在我心头。回国之后的20年余间我主要关注国内问题，对前述两种学术理论之争便没有继续钻研。直到改革开放之后，才注意到这两个方面的思想在国际上其实一直在继续。所谓《没有建筑师的建筑》（Architecture without Architects）就是讲地区建筑的发展，这些地区建筑是传统的、本土的、匿名的。后来国际建筑界又先后提出了"全球地区主义"（Global-Regionalism）、"现代建筑中的地区主义"（Regionalism within Modernism）、"地区建筑特色"（Identity in Architecture）、"现代地区建筑论"（Modern Regional Architecture）、"批判的地域主义"（Critical Regionalism）等概念或思潮。

1.3 1980年后我对"地区建筑学"的认识

改革开放之后，我国建筑界重新从封闭走向开放，又开始接触国际学术界涌动的思潮。1978年，我作为副团长参加在墨西哥召开的国际建协第13届世界建筑师大会（UIA）。大会主题"建筑与国家发展"令我震惊，把建筑与国家发展直接联系起来的想法使我深受启发。当时墨西哥的建筑思想还是比较积极和开放的。后来我被"美国女建筑师协会"破例邀请赴美国参观，了解到他们当时已提出传统建筑保护、现代科学技术（如利用太阳能）应用等概念。1980年我应邀前往前联邦德国讲学并访问西欧各国，后来又到北非、中东、澳大利亚、日本、东欧等地考察，也在国内许多地区调研考察。这些不同地区的城市与建筑呈现出多样的地方特色，给予我许多启发，又一次唤醒了我1940年代末在美国学习时对两个学派论辩的记忆和兴趣。

同时，我在国内也接触到了一些具体的建设项目，比如北京"菊儿胡同"改造项目。我从1978年开始研究，至1987年建成完工。这个项目当时在国内并没有得到很多关注，反而获得了国际建筑界的认可，获得了亚洲建协颁发的"建筑设计金奖"，又被联合国大会主席授予"世界人居奖"。这在建筑界是少有的，更令我深受鼓舞的是国际学术界的认可——这个设计被认为是在中国传统设计思想的基础上，在北京古都的城市模式上有所创新，以2～3层的建筑达到5层的容积率，同时保持了胡同院落的建筑空间特色、南北向通风的环境品质等。现在回想起来，当时在理论上、实践上都有所思考和作为，应当归功于改革开放。由于"文化大革命"的10年停滞，改革开放以后几乎所有建筑师都开始寻找新的出路，不论理论的还是实践的，因此才能取得这样的成绩。

1996年，我作为国际建协副主席、亚澳地区主席，在亚澳地区会议上提出了"地区建筑学"的构想。1997年，我在"当代乡土建筑——现代化的传统"国际学术研讨会上作了题为"乡土建筑现代化，现代建筑地区化"的主旨报告，就是希望把国际现代主义思潮和芒福德所提出的地区主义思潮在中国统一起来。1989年出版《广义建筑学》时，我将"地区论"作为十论之一专列一章。1999年，国际建协在中国举办第20次世界建筑师大会（UIA），会上总结了100年来建筑学的发展，讨论"建筑学的未来"。当时我主持起草《北京宪章》（Beijing Charter），提出了下面这段话：

"文化多元：建立'全球—地区建筑学'

地区建筑学并非只是地区历史的产物，它更关系到地区的未来。建筑物相对永久的存在成为人们日常生活中的感情寄托。

我们在为地方传统所鼓舞的同时，不能忘记我们的任务是创造一个和而不同的未来建筑环境。现代建筑的地区化，乡土建筑的现代化，殊途同归，推动世界和地区的进步与丰富多彩。"

这段话是在当年的《北京宣言》中提出的，但今天再看，与当前学术的发展仍然契合。

2 对地区建筑学的展望

本次大会请我谈谈地区建筑学的"未来",我对未来不敢说,因为局势还在不断地变化发展,所以我想谈谈"展望"。

2.1 人居科学思想与地区建筑学

1992年,在土耳其伊斯坦布尔召开了联合国第二次人类住区大会,简称"人居二"大会。会上通过了《人居议程》和《伊斯坦布尔宣言》,"人类住区的可持续发展"被作为重要议题提出。我自己在改革开放以后也一直在思考中国建筑学的未来方向。1993年在中国科学院科学技术学部会议上,师昌绪先生问我能否对建筑学的发展作一个报告,于是我勉为其难,与周干峙、林志群先生一起作了题为"我国建设事业的今天和明天"的报告,提出"中国要向人居环境科学进军"。人居环境科学应运而生,并引起科学界的热烈反响。

现在,这一学术思想已为大家所广泛接受,并成为许多建筑高校学术发展与教育的基础,分别探讨人居环境科学下的各个地区的发展,比如华南地区研究亚热带人居环境,重庆及云贵高原地区研究山地人居环境等。

人居环境科学有两个重要理念:一是"科学、人文、艺术"的融汇;一是"建筑、城市规划、风景园林"的三位一体。后来,"三位一体"的概念也被国务院学术领导小组所采纳,再后来又加入了技术科学,成了"四位一体"。这一思想对建筑学的发展有广泛的影响,建筑与城市已经联系在一起,建筑与自然、生态的发展也已结合到一起。十八届三中全会以后提出了政治、经济、社会、文化、生态"五位一体",这些都对建筑学的基本理念有重要影响。最根本的还是要以"人居"为本,所有相关学科都与"人"有相应的联系。所以说,人居环境学科体系对地区建筑学有很重要的影响。

2.2 从城镇化看地区建筑学

过去几年间,我们受中国工程院之托,一直在进行"中国特色新型城镇化发展战略研究:城市文化与人居建设"的研究。在这个城市化进程中看地区建筑学,我们提出以下基本原则:

(1)以人为本,从"土地金钱经济"转向"幸福民生经济"。芒福德对金钱经济(Money Economy)非常反对,认为应走向民生经济(People's Economy)。

(2)将城市文明建立在生态文明的基础之上。现在生态环境大量遭到破坏,应在恢复生态环境的基础上塑造城市文明。

(3)从中国古代优秀文化遗产中寻找失去的理论精华。去年年底我完成了《中国人居史》,目的就是在中国传统文化遗产中寻找优秀的思想、理念和智慧。

(4)坚持中国传统,不断吸纳包容,探索中国城市文化的新范式。

(5)加强城镇化的顶层设计。城镇化的顶层设计要和"智库"的建设并重。过去很多地方建设的决策单纯由领导决定,未来应加强"智库"的建设。

2.3 从地区发展看地区建筑学

(1)京津冀一体化战略中的新地区观

我们从2001年开始研究京津冀地区一体化规划。最初叫做"大北京"地区,后来有人反对,我就请教了当时的建设部部长俞正声,他专程到清华大学听取了我们的报告后提出改为"京津冀"地区。我们至今已经完成三期京津冀发展报告,已完成的工作得到国家政治局的肯定,习近平同志也在多次讲话中提到了这个地区的发展。京津冀作为一个地区,它的经济、交通、建筑等的发展都面临"一体化"的决策。

(2)福建沿海—海峡两岸的地区建筑

在当前的发展背景下,福建的发展关系到两岸的发展，形成了一个地区的问题。地区的概念并不是一个固定的空间范围，会始终随着时代的发展而发生变化。

（3）江苏等发达地区

江苏在历史上是物产丰盈、艺文昌盛之地，今天仍是我国经济社会发展水平较高的发达地区。目前，这里正在重点进行美丽乡村的环境整治活动，取得了很大的成效。

（4）贵州等欠发达地区

贵州是我国西南自然资源受限、发展相对滞后的欠发达地区。过去的省长林树森同志提出了一个非常好的建议，即在贵阳和广东之间建立高铁进行连接，使贵州西南山区获得一个出海通道。这个出海通道非同小可，能够极大促进地区的发展。此外，他也提出在省内完善交通网络的建设。目前，我们与贵州省建设厅合作了"四在农家·美丽乡村"的人居环境整治合作试点项目研究。这些工作都在持续推进之中。

（5）"一带一路"战略下地区建筑学发展的新启示

前几日博鳌论坛，中国政府提出"丝绸之路经济带"与"21世纪海上丝绸之路"的战略构想，旨在促进沿线各国的经济繁荣与区域经济合作，加强不同文明的交流互鉴。这必然会给中国及欧、亚、非相关地区的地区建筑学发展带来新的挑战与新的启示。这令我想起了1981年我到新疆考察"丝绸之路"沿线地区的经历。当时在北京举办了"阿卡汉奖学术研讨会"，讨论"变化中的农村居住建设"，我们从北京到西安，经河西四郡再到新疆乌鲁木齐、喀什等地。当时我就非常关心这个地区的发展。1984年，我又带领几位当时的年轻教授到沿海地区如泉州、厦门等地考察。泉州是海上丝绸之路的起点，后因港口萎缩，才有了厦门的发展。这两个"发展点"，一个将带动新疆、甘肃、内蒙古等西北地区的发展，一个将带动福建、广西等东南沿海地区的发展。所以，从更宏观的战略来看，我们面临着很大的发展契机，对地区建筑学而言将带来新路。

3 结语

综上所述，早在20世纪30年代西方建筑界就已产生"现代主义"和"地区主义"的分歧，这个交锋的时间节点是在1947年。后来慢慢发展出很多前面提到的全球与地区关系的概念，不同时期有不同的解释。回过头来看这六七十年的历程，对地区建筑的认识是不断提升的，今天仍有新的认识。在当前这个转型的大时代中，我们面临着种种问题，但现实中也充满着多种多样的机遇。面对这纷繁复杂的现实，我们往往会感到困惑，学术界派别林立，但其实都是对这一问题随时代而演化出的不同认识。

面对这种纷繁，最根本的解决之道是要"回归基本原理"（back to the basic）。我曾在一篇文章中提出这一观点，有人认为我太保守。其实他没有理解我的意思，我所说的"回归基本原理"是指建筑学是建立在人的生活要求上、建立在自然环境上、建立在风俗习惯之上，而不仅仅是建筑形式的问题。所以，地区建筑学的发展仍然要"以人为本"，以建设美好人居环境、实现人民安居乐业为根本目标。

与此同时，面对层出不穷的新事物、新思想，宜乎"博采众议"，加以"整合创新"。例如现在有很多新概念，绿色建筑、文化建筑、智慧城市等，新名词层出不穷，以后还会有更多更新的思想，但我们始终需要不断地对这些新思想进行整合，并且在地区城乡发展的各个层面上予以体现，包括：区域空间规划、城乡规划、城市设计、住区设计、建筑设计等。要塑造有序空间与宜居环境，实现美好人居与和谐社会共同创造。这个"共同创造"有两层含义：一要关心理论的发展；二要关心实践的创造。光有理论，说空话不行；光有实践，不积极探索理论也不行。

今天在各位专家面前不揣浅陋，希望获得各位的指教！

地域的价值

单 军

清华大学建筑学院教授、副院长

各位老师同学们，上午好！

刚刚吴良镛先生谈了地区建筑学的历史和对未来的展望，高屋建瓴地提出了很多引领性的思考。关教授则非常深入地研究了中国台湾的原住民建筑。下面我想结合近20年来关于地区性建筑的一些研究和实践来作我的报告。

我在跟随吴先生读博的时候就一直在思考，地域的价值到底是什么？我们回顾历史可以看到，在整个人类文明的进程中，建筑几乎都是以地域的形式来呈现的。图1是汤因比的《历史研究》中的一张图，它非常有趣地呈现出"耶稣"和"圣母"的主题在不同文化中都存在着强烈的本土化倾向。例如在中国，耶稣和圣母就变成了"抱子观音"；到了刚果，耶稣甚至可以变成一个黑人。再比如在讨论公共性与私密性时中西方文化也有很大的差异：西方人可以在天体浴场裸露着谈论保护自己财产的私密性；而中国人可能会捂得严严实实却把东家长西家短都拿来说。中国拥有56个民族，其中55个

伊斯兰、刚果人和中国人眼睛里的基督教的肖像

1,2,3 虽然主题一致，但每个图像都折射出艺术家个人特殊的文化和种族环境背景。

图1 汤因比《历史研究》插图

民族的人口约占全国总人口的8%（据2010年统计数据），却分布在占国土总面积60%以上的土地上。由此可以想象中国这样一个地大物博的国家所能呈现的地域或民族上的差异性。

刚才吴先生也谈到，西方世界是通过关注乡土建筑的形式来唤醒独立自由的。背景是20世纪60年代西方很多殖民地的独立。正如詹姆森所说，1960年代是这样一个年代，所有的土著一夜之间都变成了"人"，他们急需找到自己的文化身份（cultural identity）。因此，从20世纪60年代的"没有建筑师的建筑"的展览和同名书开始，乡土建筑引发了对地区主义的关注，一直到1980年代以后提出"批判地域主义"（critical regionalism），再到吴良镛先生提出"地区建筑学"，有一个发展的过程。中国也同样经历了一个乡土复兴的过程，改革开放的1980年代初，很多关于乡土和民居的著作出版。这种多样性表明了乡土在中国的话语重现。世界范围内的很多传统聚落，其实都是在一种朴素的、与环境和谐的状态中生长的。比如利用火山爆发的特殊地貌形成穴居聚落（图2），再比如依山傍水的千户苗寨（图3）等，都是根据不同的自然条件形成的各具特色的聚落形态。

我早前在探讨地域性时就发现了一个很有意思的观点：regional identity，强调identity，即认同性和同一性。也就是说，在同一个聚落里我们看到的更多是呈现出相似特性的建筑，房子与房子都很像，比如苗寨这种干栏式或半干栏式，沿山势而建。只有当你看到不同地域的建筑时，它们各自的特征才会凸显出来。在同一个聚落里，既有纯粹的统一的特性，也有多色彩、多元化所产生的和谐。比如佛罗里达的某个聚落，像地毯一样，在网格状的肌理下，虽然每个建筑都不同，但却产生了一种整体非常和谐的态势（图4）。

时至今日，人们对地域性的关注日益增强，其原因往往就在于城市的趋同化，比如曼哈顿化、曼哈顿主义等。如图5很难辨别是哪个城市的景象，其实这是两个城市拼贴而成的图片。一南一北两个

图2　Cappadocia, Turkey（世界文化遗产）

图3　贵州西江千户苗寨

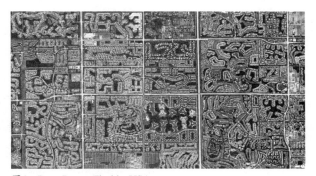

图4　Boca Raton, Florida, USA

图5　北京和深圳的同质景观

城市，拼接起来却那么相似。这也引发了人们对地域特色问题的重新关注。我在撰写我主编的"地区建筑学系列丛书"中的《缘起》一文时提出过，地区建筑的研究价值体现在以下两个方面：第一，它展现了人类文明和建筑文化的差异性和多样性的发展；第二，它展现了人与环境万物之间的和谐的价值观，可以说是一种多元和谐的价值观。

1 多元的和谐

由于当今环境恶化，城市特色趋同，地区建筑学的研究具有越来越重要的意义。我们的科研团队近几年来完成了数个国家自然科学基金课题，主要从两个方面切入：第一，地区性和民族性的关联性研究，产生了多篇优秀博士论文，例如吴艳博士的《滇西北聚落建筑的地区性与民族性》，对30个少数民族村落从"同一民族在不同地域中的建筑演变特征"和"同一地域中不同民族的建筑演变模式"两个方面展开研究。第二，探讨地区性的环境适应性。从强调技术万能到对环境本位的思考，关注人与环境的和谐。因此，我非常赞同吴良镛先生将本届会议的主题定为"地区人居环境多元发展"。他强调建筑不是一个个孤立的个体，对建筑的研究也一定不是孤立和一元的。这个方向的代表是周婷博士的《湘西土家族建筑演变的适应性机制》。我将这些青年学者、博士生们的研究成果陆续出版集成了一套系列丛书，现在已出版了3本，今年内会再出版3本（图6），都是从不同的地域文化、不同的视角切入，我认为这种多学科、多视角的探索非常重要。

1999年我在悉尼大学时读到Paul Oliver的 *Encyclopedia of vernacular architecture of the world*（《乡土建筑学百科全书》），他对乡土建筑的多重特征的描述对我非常有启发。我自己曾经对印度建筑研究数年，下过一番苦功，还翻译了《东方建筑》一书。印度建筑中有"梵"的概念，它是非常完美，但却不可认知的。所以，想要理解它，需要

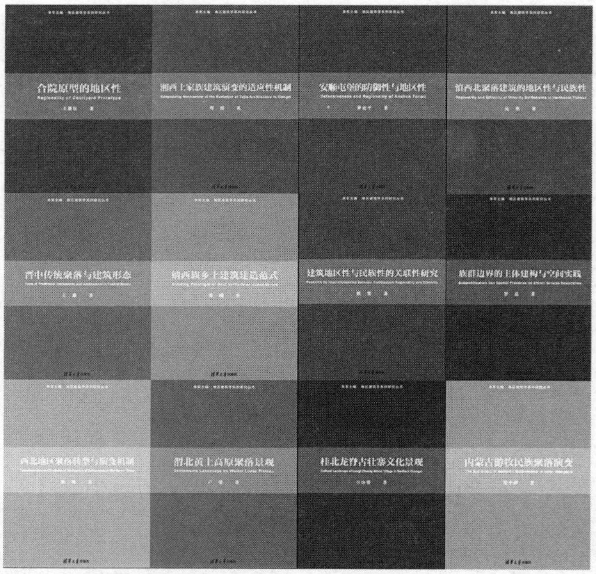

图6 "地区建筑学"系列研究丛书（单军主编）

在印度哲学里不断地从多个视角去逼近这个概念。在对乡土建筑学的理解中，我认为非常重要的概念是"本土的"，其次是"匿名的"（anonymous）、"没有建筑师的"，再者就是"自发的"（spontaneous），还有Robert Redfield所说的民间的"小传统"。所以我一直质疑人们谈论的"泛泛的民族性"这个话题。我认为这是一个伪话题，因为中国一直就是一个多元化的国家，我们每探讨一个地域，就代表一个中国特色。记得2006年我去参加威尼斯双年展（清华作为唯一一个受邀高校参展），当时的一位获奖者的作品就是结合了中国水乡的特色，并非宏大叙事或是一个泛泛的中国，恰恰反映了地域性的多元化倾向。

在我们的研究中，文化人类学、史学、社会学等都是很重要的理论研究方法。例如文化人类学中的"泛文化的并置法"。像《金枝》这样的文化人类学经典著作，实际上都是在一种他文化的经验中去非常深入地了解，然后把这种认知带到本文化中，再去重新认识本文化中原有的惯性思维。文化人类学作为一种基本的方法，在地域的研究里成为一个非常重要的视角。我在2010年发表的一篇文章《城里人·城外人》中，描述了"城里人想走出城外"和"城外人想进入城里"这两种非常普遍的心

态，我认为地域建筑的研究者和实践者应该同时具备以上两者的视角及身份。我们需要深入地研究一个地域的文化，又不能囿于这个地域本身。记得在20世纪90年代有一期关于阿卡汗奖的专辑，题目就是"Regional Architecture Beyond the Region"（超越地域的地域建筑）。

最近我们工作室作了关于龙脊古壮寨的研究（图7）。四个寨子有200多户居民。他们与梯田环境的完美和谐，可能与农耕生产方式、灌溉方式有关。现在，随着旅游的介入，比如到了十一黄金周，宁可让水稻烂在稻田里也不能收割，只是因为这样的景象非常漂亮，可吸引游客。这就引发了一个重要的话题，这样一个与周围环境如此和谐的传统聚落，当它受到当代旅游的冲击后会怎样？

在龙脊古壮寨，有一个歌圩剧场，2014年建成（图8）。调研中我们采访当地的居民，他们非常赞同发展旅游。这个项目位于四个寨子的村口，是一个非常小的对山歌的空间，也是当地一个扶贫项目。这个项目的特别之处在于它是由当地的一位50多岁的工匠带着几个工匠来建造的，有点儿像我们刚才提到的anonymous或spontaneous architecture。我们假设如果是让建筑师来介入，我们也要战战兢兢地做。如果是一个开发商介入，他们会对这个如此美好的聚落产生怎样的影响？还能否保持建筑和环境原有的和谐关系？

2 定位

由此引发了我对地域研究的一个思考，我在清华大学首期思想论坛的演讲中，就是以"定位"作为题目。关于地域的研究，它看似是一个空间概念，但时间范畴同样非常重要。所以，我认为应该定位于"此地、此时"。如果我们把地域作为一个语境，把历史作为一个context，那么它不仅要关注地点性，还要强调当代性，我称之为"Localizing"，是一个正在进行时（图9）。

可以举一个非常典型的例子，我读王国维先生的《殷周制度论》时发现，他把之前所有学者按照历史顺序研究（殷在前，周在后）变成了一个一西一东的空间式拓展的研究，引起了学界非常大的震动。我觉得，时、空这两个视角对于地域建筑的研究非常重要。对地域不应该只是一个静态的而应是一个动态的考量。汤因比在《历史研究》中专门用了两章来论述"文明在空间的接触"和"文明在时间的接触"。"空间的接触"就像吴先生所说的是应该分享彼此的经验，之所以能分享，是因为它们彼

图7 十一黄金周的龙脊古壮寨，广西

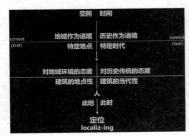

图9 Localizing

图8 歌圩剧场

此都有非常鲜明的特征。但是，令我惊讶的是，作为一个历史学家，汤因比非常强调一个社会要重视新的创造起点。也就是说，地域建筑应该考虑到当代性，我们不能简单地把当代旅游的冲击视为我们要回避的对象，而是应该正视它，然后思考存在什么问题。我认为这才是地域研究者或设计者应有的一个正确的思维方式和视角。

同样地，地域性也从来不是封闭的，而是一种非常开放的姿态。我在做印度研究时发现，人们往往认为印度的文化其实就是雅利安人的文化，而季羡林先生说，我们今天要研究印度，一定要了解雅利安人和穆斯林的文化。著名的历史学家斯特尔林在《世界建筑史》中只有对印度是分了两章来写的，就是 "Indu Indian"（印度教的印度）和 "Islam Indian"（伊斯兰的印度）。这些其实都是外来文化，特别是雅利安人，他们作为印欧语系人，把当地的达罗毗荼人赶到了南方。所以，当柯布西耶被邀请做昌迪加尔的规划时，最初尼赫鲁总理主张倡导印度的"新精神"，他提出，印度的新庙宇应该是发电厂，所以后来的议会大厦有类似冷却塔的造型。但是柯布西耶也从印度的传统文化和古老智慧中吸取了非常多的灵感。他说，我只有一个老师，就是向过去学习。所以，查尔斯·柯里亚在昌迪加尔纪念五十周年的时候说，也许昌迪加尔会在一百年后成为一个著名的古老印度城市，而柯布西耶也会被世人公认为是最伟大的建筑师。所以说，地域性本身是一个非常开放的体系。由于时间关系，研究方面我不多展开。

3 此景

下面我谈谈近几年来作的一些地域实践。既然地域性是和环境的一种融合，我又造了一个词儿，叫 "locuscape"（此景），是把 "locus"（场所或地方）和景观结合起来，它强调地点的唯一性。前年我去评UIA及UED "霍普杯"的时候，Dominique Perrault讲"消融的建筑"。他说，因为环境是千变万化的，只要建筑与环境发生关联，它必然能保证自身的特色。

蒙医蒙药博物馆这个项目，是通辽市请了朱小地、庄惟敏、李兴钢、崔彤、薛峰还有我等几位建筑师在当地一个公园里做几个小博物馆。张鹏举院长也起到了大力推介的作用。这个地块非常小，所以大家都考虑做一些地景式的建筑。我们想把所有体量都放在地下，以不破坏地面景观为初衷。同时，由于该地区属于典型的科尔沁文化，我觉得这个博物馆应该有一种与农耕社会或城市文明不一样的感觉，像是帐篷这种个体间相互游离的关系。我自己选到做蒙医蒙药博物馆时，有学生开玩笑说"蒙古大夫"不是庸医吗？但是我研究了一下，蒙古族的医学理论还是很高妙的，它讲求的是各种关系的平衡。所以我们把地上和地下处理成一种平衡的关系，不同体量之间呈现出一种游离的状态，地上的部分在夜晚还可以作为酒吧对公园单独开放。它完全是一种地景式的建筑，九个院子散落在公园中，建筑以一种非常弱的、密度很低的方式存在（图10）。

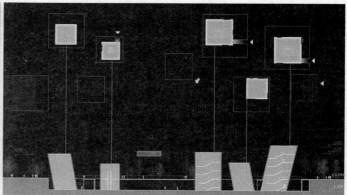

图10　蒙医蒙药博物馆方案

另一个是安代博物馆。安代舞是当地的非物质文化遗产。我们同样把建筑的主要体量放在了地下。因为这个项目的位置刚好比较居中，东侧是庄惟敏老师的作品，南侧是李兴刚老师的作品，边上还有朱小地老师、崔彤老师的作品，所以我就把它做成了一个土台子，只有部分体量放在地上。安代舞有舞红绸的特点，舞姿变化万千。因此我以"让大地起舞"为主题，地上的体量用不锈钢板拼接完成，显得非常轻盈。3000多块不锈钢钢板的拼接，给清华院施工图团队带来了很大的工作难度。建筑的入口有一个很大的出挑，长度18m。这两个项目都在建，估计年底能完成（图11）。

这两个建筑实际上都是把建筑化小，让建筑与地段和地域本身的气质发生呼应与关联。还有一个类似的与山坡地景结合的项目，是我和王昀老师、崔彤老师、王路老师等都参与了的鄂尔多斯20+10项目。我的方案是一种从地上生长的姿态，是从完全的自然到半自然半人工，再到人工的这样一种转变。这些方案都考虑到了不同的地域文化与特色，强调因地制宜。

4 之间

我认为地域设计不是一种top-down（自上而下），而是一种bottom-up（自下而上）地考虑到了和地域"之间"关系的设计。所以，"之间"也是我的建筑观——建筑是一种"关系"的呈现。

春秋门是一个很有趣的项目。我们回顾了历史上的"棠樾七石坊"，在一个蜿蜒的道路上，可以看到明清两代的10座牌坊。它们的排列并不完全按时间顺序，有后来在前面插建的。所以我们的方案是在一个蜿蜒的道路上设计了两个牌坊：一个"春门"，一个"秋门"。出于一种景观性的考虑，当人们沿着弯路走进去，第二道门会逐渐呈现。"春秋"这两个字，也是对淄博这个地点的诠释。淄博是春秋时代齐国的首都，大家都知道"稷下学宫"，齐国是当时文化最强的诸侯国，所以我们的设计回应了这个历史主题。我们认为这是一个路径，同时也是一种交流的方式，通过镜像以及对两个同形同构的门的对比，来凸显和加深空间的表现力与思想性。这个项目曾参加UED举办的伦敦建筑展，也得到了很多同行的赞赏。后来有一天我收到一封邮件，是玛莎·施瓦茨发来的。她是一位和扎哈·哈迪德、妹岛和世齐名的女性景观建筑师。她在信里表示非常喜欢这个项目，说："你们超越了一种明星建筑师的现象，创造了一种真正的当代的中国文化"（图12）。

最近我们正在做晋中三大馆：博物馆、图书馆和科技馆。项目旁边是已经建成的章明老师的作品——城市规划展览馆。这是当地最重要的四个

图11 安代博物馆方案

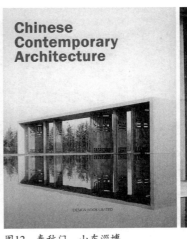

图12 春秋门，山东淄博

项目，市长、书记、四个副市长等基本上每次都会参加项目的汇报。晋中是一个文物大市，有44个国保单位，有乔家大院、王家大院这种北方窄院民居的代表，还有平遥古城等。当地的博物馆归文物局管，话语权非常强。在这个设计里，我们想通过"内儒外商"的概念来传达晋商的精神文化。晋商外表看上去是商人，所以建筑外面非常开放，四个方向都有入口；建筑里面则表达了一种非常稳固的"儒商精神"；中间的顶部形成窄院。晋商建筑最重要的就是入口，所以我在建筑面向城市的入口处设计了一个悬挑40多米高的入口空间，一方面，希望保持博物馆外部的连续感，另一方面，运用特制的石雕来强化入口。进入之后，在大厅里，我们也把很多砖雕和石雕的工艺墙面展示出来，甚至整个建

筑就是一个大的展览品。目前，三个项目都已经动工，这个项目应该会在明年建成（图13）。

中国博览会会展中心是我跟庄惟敏老师合作设计，和华东院共同完成的一个非常大的国家级项目，今年已经建成（图14）。这个项目似乎很难跟地域发生关系，但它是世界上最大的会展建筑（147万m²）。这个项目离上海虹桥机场非常近，只有1.8km。整个建筑边长是1km，据说在月球上都能看见。这么大体量的一个建筑，我们想用"四叶草"这种非常国际化的标识来强调它作为会展建筑的特殊性。考虑到这个项目处在上海这种极特殊的交通和环境中，我们将整个虹桥枢纽与会展中心连接成了一个步行整体，由天桥系统与地铁将其整合起来，就像是人从这个四叶草的花蕊中间走出来。

图13　晋中博物馆，陕西晋中

图14　中国博览会会展中心，上海

在入口的开敞空间，我们设计了二十四节气柱，是对二十四节气的隐喻，也构成了主入口的整体形象。当时的评委会主席张锦秋院士给予了很高的评价，说这个建筑很有一点儿"海派"的曲线和轻盈感。国家商务部部长告诉我，这个建筑的国际展览已经预约到了两年后，非常火爆。

印度尼西亚商务部馆舍这个项目，历经7年才建成（图15）。今年在验收时得到了商务部和外交部领导的大力赞赏。这个项目很有意思，强调一种对"飞地"的双重地域性的认知。今年的《建筑学报》和《世界建筑》等期刊也对这个项目进行了介绍。我们看到国外的很多中国建筑都着力强调一种"中国性"，比如早期很多建筑以琉璃顶的形式进行表达。这个项目存在很多两重性。首先，它真实地处在炎热地带，所以我们在入口屋顶和立面都做了双层的表皮，同时还保留了一些传统的图案和窄院这样的语汇。立面上有1/3的遮阳板可以移动，既有开敞性也保证了私密性，因为它处于一个繁华CBD的周边。在强烈的光影下，双层表皮呈现出非常多变的效果。其次，设计也表达了一种商务合作的开放性，我们希望营造出相对轻松的氛围。

5 重释

我认为建筑学有很多人文的价值，它是科学与艺术的结合。我们今天可能很难去发现一个化学元素，更多的情况是重新思考一些概念和认知，所以reinterpretation（重释）就变得非常重要。"解释学"的英文hermeneutic（赫尔墨斯）最早是希腊神话中宙斯的使者，他比较坏，在传达宙斯的信息时经常按自己的意思加以调整，所以"解释"在西方文化中非常重要。作为具有一定人文特色的建筑学，如何不断地重新认知地域性，成为一个非常重要的视角。

山水宅是我和王路老师最近做的一个项目。王路老师邀请了一些建筑师、艺术大师以及演艺界名人来共同设计。我的地段在中间，周围有王路老师、李晓东老师、李振宇老师、张利老师等的地段。这里的环境非常优美，题目是自宅，我们就叫它"山水宅"。这里是江西的一个AAAAA级的自然风景区，但是最打动我的其实是这张图（图16）：站在地段往侧面看，看到的不是非常有名的作品，而是当代的普通农宅。它们跟环境的这种关系，直

图15 印尼商务部官舍，印尼雅加达

山水 / 村落

图16　山水宅，江西

接启发了我的设计。我们说，自从有了人以后，所有的自然都是人化的自然。所以，我们想把这个住宅的公共性起居及工作空间放在地下，把居住部分放在上面，从尺度上去呼应这些小小的农宅，就像Robert Redfield所说的"小传统"（little tradition）。我们希望把建筑的体量化到最小，因为环境实在是太美了。视线的角度决定了这些小房子的朝向，同时通过一个中心的院落来组合整个建筑，形成居住建筑的内聚性和团聚感。屋顶，作为第二个地平面，我们希望种满植物，化解它的体量。这个房子就像《陋室铭》所描述的建筑，旁边的山不高，但是环境非常好，氧气含量很高。我们把客房设在一边，设想以后来这里写文章或者我的学生来写论文，一住大半年，这样才能写出好东西。建筑形成了与村子的对话，"苔痕上阶绿，草色入帘青，谈

笑有鸿儒，往来无白丁"，虽然旁边的确有王路老师这样的鸿儒，但还是应该跟当地的居民多交往，融入村野的氛围。

最后，我想介绍一下钟祥市博物馆（图17）。对我来说这是一个比较重要的作品，不是因为它建造了7年，也不是因为它得了一些奖，而是因为我把很长时间积累的思考都放在了这个设计里。项目在湖北钟祥，世界文化遗产——明显陵就在它的旁边。明显陵里合葬着嘉靖皇帝的父母，这也是"一陵双塚"的孤例。当地政府希望我们做一个明代风格的仿古建筑，但我们还是作了一些关于地域性、时间性的思考，来回应这个特殊的背景。最后的平面看起来很像个"明"字，当地领导，非常喜欢，但其实这并不是我的初衷。对我而言，最重要的，是这个空间，我想做一个园中园，即garden

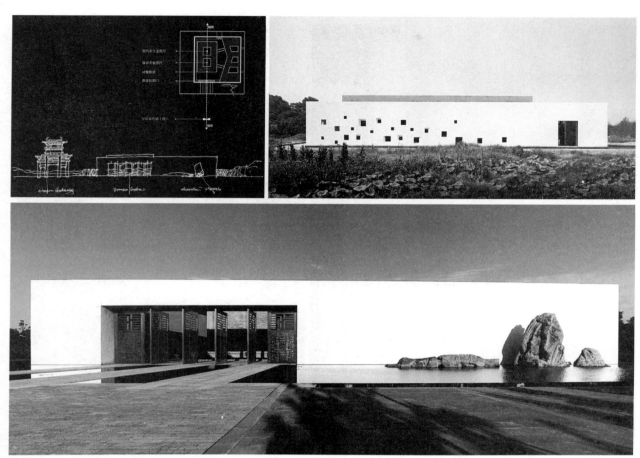

图17　钟祥市博物馆，湖北钟祥（一）

within the garden。基地上有一个明代的少司马坊，我想我的建筑绝对不能高于它。虽然展厅略高，但由于有围墙的遮挡，视线上其实看不到。为了应对这种帝王的主题，需要一种礼仪式的轴线，所以有了对着牌坊的这条轴线。但是我更关注的是另一种动线，希望博物馆闭馆之后还能对当地市民开放，像公园一样。我们设计了夔龙纹铜门，放置在轴线上，形成与历史的对话；关于墙体，则想用一种非常低造价的涂料，去和极其繁复、优美的传统石雕石坊进行对比，在对比中呈现和谐，也凸显当代与历史的两重意义。在园林中，我们还使用了很多类似题匾的形式。比如这个"钟聚祥瑞"，来自嘉靖皇帝的题名，也是钟祥市的由来，我们把它刻在连廊的景窗上，建筑也开了很多这样的漏窗。建筑让人觉得它更像一幅画，具有很强的山水意境。在主

入口处，为了强调这种山水意境，我还专门做了一个山字形的叠石。石头选了一年，最后的形态也不是很理想，但整体还不错，一高一长一小。我想把这亦庄亦谐的两者同时呈现在建筑中，看看会是什么样。这个设计得了很多奖，包括芝加哥国际建筑奖、建筑学会创作金奖、行业一等奖等，也被很多媒体拿来作封面。大家之所以比较认可这个方案，我觉得其实在于"山水之间"，在于它把历史与环境、时间与空间很好地串联起来，展现出了一种多元的和谐，同时又能体现一种当代性。

6　结语

相信很多人都看过《纸牌屋》，凯文·史派西在里面说过这样一段话："harmony, it's not about

图17 钟祥市博物馆，湖北钟祥（二）

what's lasting or permanent. It is about individual voices coming together, for a moment, and that moment lasts the length of the breath。"和谐其实就是很多不同的声音，就像一个和谐的乐队。多元的

和谐是地域性的一个非常重要的特色，正因为和谐本身需要不停地建构，所以要不停地"重现"地域的这种多元的和谐。谢谢大家！

当代城市与建筑的世纪转型：走向生产性城市

张玉坤

天津大学建筑学院教授

各位嘉宾大家下午好！

前面几位专家的演讲都非常精彩，我的题目可能稍微有点沉重。关于当代城市与建筑转型这个想法，其实已经在2016年《建筑学报》第10期上发表了一篇论文，题目与今天的报告类似。

1 困境

20世纪20年代，现代建筑的导师柯布西耶主编了《新精神》杂志（1920～1925），后来整理出版了《走向新建筑》《明日之城市》《今日的装饰艺术》等"新精神"丛书。"新精神"作为时代的宣言，吹响了现代主义建筑革命的号角，被誉为"时代的镜子"。

从柯布西耶提出"新精神"到现在快一百年了，当代城市与建筑又面临着新的转型。我们现在面临的许多问题，虽然跟当时不完全一样，但是我们的处境差不多。比如20世纪初发生了第二次产

业革命，当时汽车、飞机、轮船是时代的象征，煤炭、石油是当时的"新能源"，建筑的功能、技术和材料也发生了革命性的变化。但是，当时的建筑和城市却难以适应时代的需要，柯布西耶的"新精神"恰逢其时地昭示了现代建筑与城市的革命性转型。现在是第三次产业革命，人类已经进入了信息社会和可持续发展的新时代。能源的形式正在发生根本性的变化，煤炭、石油这些工业社会赖以为生的化石能源，将逐步被太阳能、风能、生物质能等可再生能源所取代；通信方式、交通方式以及设计建造方式等，也都发生了很大的变化……我们目前的困境是人口太多，2011年全球人口已达70亿，到21世纪50年代预计将达到90亿。不但人口太多、增长太快，人均消费还将越来越大，即所谓的"Bigger Man"，就是将来的人比现在的人"胃口"更大，人均消耗的资源将更多。人口总体规模和人均消费的增长这两大因素，加之环境污染、资源匮乏，使得供需矛盾将愈加突出，未来人类可持

续发展的形势将愈加严峻。从全球土地利用的变化来看，早期未开垦的处女地很多，农业开发之后就把自然破坏掉了一部分，工业也带来了对自然的破坏，到现在已没有剩下多少未开发的土地了（图1）。人类已有并日益增长的需求所构成的"生态足迹"，与全球生态存量和生态生产所构成的"生态承载力"的关系，已处于严重的"生态超载"状态。据全球足迹网络计算，地球自1970年代打破生态足迹与生态承载力的平衡状态以来，生态超载日益加剧，至2016年，全球的生态足迹已达生态承载力的1.6倍。亦即全球需要1.6个地球来提供资源与吸收废物，而中国则需自身生态承载力的2.7倍来满足。

为何会面临这么多困难的局面？

西方的工业社会在20世纪中叶后期发生了向"后工业社会"的转移。1973年美国社会学家丹尼尔·贝尔（Daniel Bell，1919–2011）所著的以 *"The Coming of Post-Industrial Society——A Venture in Social Forecasting"* 为题的一本小书，宣告了西方后工业社会的到来，预测了后工业社会转型的三大方向：由制造业向服务业转移，基于新科学的产业居于中心地位，新知识精英的崛起和社会分层新原则的到来。随之而来的是西方服务业和高科技的快速发展，人们赖以为生的第一、第二产业日渐衰落，去工业化（Deindustrialization）、产品

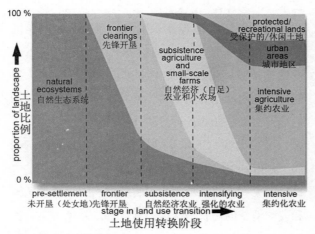

图1　土地使用转换阶段

外包（Product Outsourcing）、劳动力外购（Labor Outsourcing）导致大量产业工人失业，原有兴旺的工业基地变成了令人啼笑皆非的铁锈地带（Rust Belt）或"工业遗产"（Industrial Heritage）。农业和传统工业在西方国家的GDP占比逐年下降，例如2011年英国农业占比为0.9%，工业占17%，接近80%的GDP由金融、管理、教育、旅游等第三产业占据，成为典型的以服务业为主的消费型、福利型的后工业社会。

维系后工业社会运行至今的是世界各国发展的不平衡和全球化的国际贸易。越洋跨洲的国际贸易把全球各地区划分成资源地、生产地、消费地，发达国家以科技、金融、贸易等产品和手段从不发达国家换取资源、能源和大量廉价制造品，而将资源消耗和环境污染留给后者，掩盖了全球生产—消费的生态位转移和生态不公。然而，由于对某些国家贸易对象禁运高科技产品，促发了这些国家高科技产品质量的提升，在国际贸易收支平衡上，后工业国家的服务业产品（Services）出口虽有部分盈余，但在制造业产品（Manufacturing）的交易中则严重亏损。查询中美贸易记录可知，正是这种制造业和服务业贸易收支的严重不平衡，使美国对中国的贸易逆差与日俱增，埋下了贸易争端的种子。国际贸易逆差的增加，也直接影响到后工业国家的财政收支平衡，为维持高福利、消费型社会的运转而不得不频频举债，赤字运行，危机四伏。从国际贸易的角度看，西方国家发生的所谓"债务危机"、"金融危机"，其实是"产业结构危机"——制造业的衰落，若不彻底改变后工业社会畸形的产业结构，丢掉后工业社会的美妙幻想，西方国家依然会危机不断。

后工业社会前途未卜，对中国的未来发展是前车之鉴。但在国内依然存在以西方后工业社会为典范的顺势思维（实质是爬行思维），试图沿着西方道路和发展方向来发展中国的城镇化，甚至有人提出中国也将进入以服务业为主的后工业社会。然而，西方的发展已经占尽先机，沿着他们的老路来

发展城镇化，带有后发劣势、失却时代机遇，尤其是人口众多、资源匮乏、经济结构失衡、城镇盲目扩张等特殊国情和严酷现实，将会证明这种顺势思维极其有害，值得深思。

中国所面临的严酷现实，简言之，如下：

（1）人口过剩，资源能源匮乏：人均资源占有量低，人均耕地不足1.4亩，18亿亩红线岌岌可危，水源、能源、矿物资源严重紧缺；石油进口依赖度达60%以上（美国商务部2017年7月的一份报告显示，2016年中国石油进口依赖度超过65.6%）。

（2）经济结构失衡：以外向型、资源消耗型的加工制造业为主，国内环境污染严重；GDP对外贸易占比高达60%以上（周小川，2016），受国际经济形势、市场需求、社会政治影响严重。

（3）城镇化发展缺乏总体规模和单位标准控制：盲目扩张，过度消费，土地城镇化远超出人口城镇化规模（2000～2010年，土地城镇化速率是人口城镇化速率的1.85倍）；房地产行业扭曲发展，严重脱离人们居住的实际需求，造成大量土地、资源浪费，住宅郊区化和卫星城建设过度占用耕地，加剧交通紧张和能源消耗。

（4）城镇化进入快速发展阶段：2016年城镇化水平达到57.35%（国家统计局，2017），对资源能源的需求会进一步增长，土地资源、水源、化石能源和矿物资源会日益紧缺，严重制约国民经济和城镇化健康发展。

（5）社会文化资本损失严重：经济发展和城镇建设过程中，对社会公平、文化建设和遗产保护重视不足，以致社会矛盾激化，社会风尚堪忧，许多弥足珍贵、无以再生的社会文化资本消失无存。

上述中国所特有的严酷现实，加之各地的区域发展和社会分配极不平衡，对中国未来的可持续生存与发展构成严峻的挑战。同时，也决定其社会经济与城镇化发展路径无法照搬西方后工业社会的模式，必须面对现实，另辟蹊径。

2 转型

正是在这个基础上，我们提出了"转型"的问题。具体包括这样几个层面：从消费型向"生产—消费一体化"转型；从全球化向本土化转型；从集中式向分布式转型；从单一分离到整合重构；最后，走向生产性城市（表面上，这几个转型似乎和地区建筑没什么关系，其实不然。从消费到生产—消费一体化，需要本地生产，本地消费；从全球到本土，本土就是本地、地域、地区；从集中到分布，也涉及地区分布的问题）。

转型1——从消费到生产—消费一体化：后工业社会生产与消费的分离产生了全球尺度的资源、生产与消费的不合理分工，于人类社会的可持续发展十分不利，需作根本性的改变，从后工业社会崇尚的服务型、消费型、休闲型、福利型城市向可持续发展的"生产—消费一体化"城市迈进。现在有个新词"Pro-sumer"，是Producer + Consumer的新生词，即生产者与消费者相结合，主张生产与消费一体化。比如我们在城市里，在建筑上种植蔬菜、粮食，生产太阳能，就变成了一定程度的Pro-sumer。

转型2——从全球化到本土化：从消费向消费—生产一体化的转型，自然会带来从全球化向本土化的改变。前些日子我们翻译了一篇论文，题目是"Locally Productive, Globally Connected, and Self-sufficient Cities"，即"本地生产，全球连通，自给自足的城市"。其发展原则是将物质流动限制在尽可能小的范围内，少作大范围流动；让信息流动畅通无阻，多流动，这样就可以大量地减少交通量、物流量，节省很多能源和物资，可持续性就会更好。

转型3——从集中式到分布式：当前我们的城市仍在集中化发展，仍在强调大城市、超大城市的规模优势。但是，城市愈大，人口愈多，所需物质供应的数量愈大，运输距离愈长，消耗的资源和能源会成倍增长，生态足迹也会愈大。生态足迹理论

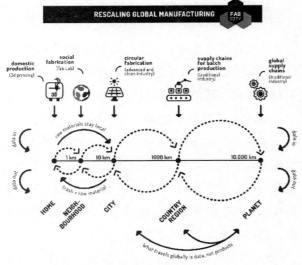

图2 物质的本地化（来源：Locally Productive, Globally Connected, and Self-sufficient Cities）

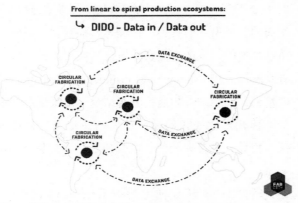

图3 信息的全球化（来源：Locally Productive, Globally Connected, and Self-sufficient Cities）

分析证明，对贸易不断增加的普遍依赖性，使得城市的生态场地定位不再与它们的地理位置相一致。城市越富裕，越多与世界其他地区相联系，它通过贸易和其他形式施加给生态圈的负荷越大。比如纽约市的生态足迹相当于其自身所占土地的300倍之巨。像中国的北京、上海、广州等超大城市，还要建成以超大城市为核心的城市群、城市带，其生态环境的压力所带来的不可持续性是可想而知的。再如目前的能源生产也是集中式的，输电要很长的距离，输送、中转基础设施的建设成本很高，途中的电损也很严重。因此，未来的城市发展理应从集中

式向分布式转移。同时，信息时代和互联网技术的发展也为分布式的城镇化格局带来了充分的可能和明显的优势。

转型4——从单一分离到整合重构：从单一的功能发展为多种功能整合。建筑与城市的基础设施，如交通、能源生产与供给设施、食物生产加工设施、资源回收设施等，突破各种行业和功能限制，进行全方位整合。大体可包括：①行业整合：伴随着交叉学科、系统科学的发展，分工作为现代工业的产物，也从专业化向复合化发展。②功能整合：绿色生产、智能网络、3D打印、SOHO、物联网等新生事物，加速着传统功能分区的死亡，使功能朝着复合化、高效化的方向发展。③空间整合：在存量规划的时代，对各种功能空间进行叠加、置换和重构，对既有城市空间和设施进行深度"复垦"，可以在不增加用地的条件下，容纳更多人口与功能。

最后，走向生产性城市："生产性城市"的概念近几年已经有人提出来。布鲁格曼说："我们需要以一种完全不同的方式看待我们的城市和可持续性，与其节约资源让生活更加省吃俭用，牺牲可持续发展，不如使城市作为生产资源的地方，而不仅仅是消耗它们。"这是一个出路，仅仅靠勒紧裤腰带，仅仅靠节约是解决不了问题的，必须要靠生产。关于城市生产的问题，并不是从"生产性城市"概念出现以后才有的，以前，关于城市的理论，比如霍华德、赖特、柯布西耶以及黑川纪章等的城市理论中其实都有"生产性"的概念存在。

3 生产性城市

我们希望对"生产性城市"给出一个初步的概念。它应该是：以可持续发展为宗旨，以绿色生产为主要手段，有机整合农业生产、能源生产、绿色制造、空间生产、文化资本保护和废物利用等多功能于一体的多层次的城市体系。在每个城市的最小范围内主动挖掘城市的生产潜力进行生产，

力求最大限度地满足居民的可持续生存与发展的需要。

关于生产的类别和生产的空间，其实我们有很多地方是可以进行生产的，生产的空间是很多的。关于生产的策略，比如利用叠加、置换、重构、集成等方法，在城市、建筑和交通等基础设施上进行农业生产和能源生产，我们也都有相关的尝试性研究。

从生产性城市的角度看，我们现在的城市土地浪费是非常严重的。编组站、停车场、货场等占地很大，造成大量的土地被占据。所以，我们的城市还是可以开垦、可以深耕、可以细作的。比如停车场光伏的概念和技术，现在已经比较常见了，它既可以遮阳也可以发电，还适于电动汽车充电，这就是地方性、分布式的措施。再比如公路、铁路的能源生产，目前已经不再是设想了。美国一对夫妇于2006年开始研究公路的光伏发电（Solar Roads），到现在，技术已经成熟。美国已计划开始建设光伏公路，法国也有2000km的计划，2011年已经建成从巴黎到阿姆斯特丹的一段光伏铁路，全长3.5km。目前印度、巴基斯坦等国都在开展相关的研究。

用道路来发电到底有多大潜力，能否满足我们的用电需求？2015年我国全社会用电55500亿kWh（国家能源局发布2015年全社会用电数据，2016）。2013第二次全国土地调查的主要数据：交通运输用地7942000km^2，以每平方米光伏板日均生产0.5kWh计算，全年可生产144941.5亿kWh（7942000×10000×0.5×365=1449415000kWh），相当于2015年全社会用电总量的2.61倍。即使全国50%的交通运输用地用来生产太阳能，满足目前的全社会用电也绰绰有余。我们花费了大量的人力、物力、财力，背负生态环境的巨大代价修建三峡水电站，前期投资可能达一千多亿，后续还要不断投资三千亿，但现在每年发电量不到1000亿度电。如果我们利用公路发电，全年生产的电能相当于140多个三峡电站。

4 研究与设计

最后展示一个我带学生做的作业，一个最近刚刚完成的新加坡碧桂园森林城市竞赛方案，我们称之为"第二自然（Second Nature）：梯田森林城市的生态再造"（图4）。设计地段位于马来西亚邻接新加坡的海滨地带，接近赤道，气候湿热多雨，占地16km^2。方案中，城市、街区、建筑已难以区分，道路覆盖在建筑/社区之下，建筑/社区都覆盖上森林，街区、建筑、绿化浑然一体。整体形态呈梯田状，每户住宅之间有4.5m宽的连通的前台，上面可种菜、种树，也可以铺设透光光伏板，综合进行农业和能源生产。这个方案是街区、道路、建筑与农业和能源相融合的尝试，体现了生产性城市的某些理念。当然，私密性与公共性的关系、内部街道的交通、种植和光伏技术以及住宅的内部交通和通风采光都有待进一步推敲和完善。请大家不吝赐教。

以上是我们关于"生产性城市"研究的汇报。谢谢大家！

图4　第二自然：碧桂园·梯田森林城市生态再造

地区建筑的解读

王 竹

浙江大学建筑工程学院教授

很高兴能有这样一个机会和各位同行一起切磋，刚才也学习到了很多思想。特别是前面几位老师结合自己的实践，讲得非常精彩。我想，我讲什么？因为来自学校，多年来一直在作这方面的研究和实践，碰到了很多的问题。我想就是多元化，是针对地区建筑的不同的理解。今天在座的很多同学很迷茫，很着急：大师这么精彩，怎么学习大师？我怎么变成大师？实际上，不用着急，针对地区建筑，其实有多元化的理解，那么我结合平常与学生的讨论和自己的一些思考来和各位分享一下。没有系统地梳理，就是一些基本的理解。

1　地域建筑研究的误区

尊重地域的建筑文脉一直是建筑界所关注的焦点，但目前在实践中，地域风貌的营建逐渐演变为一种政治任务与消费需求：生态景观恢复，地方风貌再造，乡土技术延续……一些看似"最接地气"

的表达方式演变成了一种宏大的运动或个人情怀的自我实现，使得地域风貌的回归忽视了对营建的本质的关注。目前，在理论与实践中更多地还是局限在"概念的阐述"与"形态的表象"上，始终停留在"像什么"上，而不是"应该是什么"。在说不清、理更乱的混沌中，道路越走越窄，难以突破自身。我们应尽快从那些孤芳自赏的所谓地区建筑研究与实践中走出来，从不同地域人居环境的基本原理和可持续发展的"适宜性"途径着手，形成实质性的突破。

面对地区性人居环境营建与绿色建筑等一系列问题，我们应该有一个混沌状态下的清晰认识，在热浪之后需要冷思考。目前，我们没有成熟的方法和现成的模式可以借鉴。国内人居环境研究呈现两种状态：其一，只是停留在概念上的认识，关于宏观层面的整体构架，带有一些前瞻性和模糊性，往往贪大求全，结果是在构建了庞大复杂的体系后，反而使我们失去了目标，找不到靶点，无法操作和细化；其二，在建筑微观层面上，热衷于具体的一些所谓的生态技术和建造细节，无视其适宜性与可行性，变成了一种无目的的技术堆砌，缺乏针对性与普适性。以上两个问题的存在，使得我们研究的道路越走越窄，可谓"没有功力的花拳绣腿"，同时还带有明显的"硬伤"。比如夯土建筑要不要在某些地区大量地纳入到今天的营建体系当中，这实际上是一个值得我们深入思考的问题。现在很多地方在恢复夯土建筑的技艺、施工方法，使成本提高到了4000元/平方米以上。那么，我们要考虑一下，这是不是我们该追求的地区建筑？

有些人期望将传统建筑的技术和形态进行复制和再生，使它具有地域性，这似乎简单了一些。它们代表着两种不同的价值体系，有着不同的职责以及相应的理论与实践的天地。今天的地域建筑绝不应该是"马头墙们"、"大屋顶们"的光大，传统建筑亦没有必要现代起来，去干预现代的建筑实践。否则，只能是既断送了地域建筑的内涵，又扭曲了传统建筑的原则。我们应该面对两个问题：①在纵向的历史方面对传统建筑文化价值的超越；②在横向上与整个时代建筑文化的对话。在这个过程中，即使失落了传统建筑的一些内容，也不必顾忌，不要老背着包袱前进，因为这是文化发展过程中不可避免的损耗，是完全可以得到重建与补偿的。另外，在横向上有没有取得与国际同行对话的资格，底气足不足，特别值得我们去思考。

地区建筑传统是各个时代人们所创造的建筑文化在历史长河中的流淌，有时清澈透明，平静地流淌；有时奔腾向前，气势磅礴；有时甚至出现逆流和落差……这取决于历史河床所呈现的"地形"，即社会环境和主体（人）的素质。我们有的时候谈论建筑传统与地域文化，往往只关注了"水的表情"，却没有真正理解地区与传统。过去了的传统"流"得好与不好，已成为历史，传统在我们这代人身上将怎样流下去，自然取决于我们为其开辟了怎样的"河床"，并注入了怎样的"新流"。

"特修斯之船"——一个哲学命题值得我们去思考：一艘可以在海上航行几百年的船，归功于不间断地维修和替换部件。只要一块木板腐烂了，它就会被替换掉，以此类推，直到所有的功能部件都不是最开始的那些了。最终产生的这艘船是否还是原来的那艘特修斯之船？或是一艘完全不同的船？如果不是原来的船，那么在什么时候它不再是原来的船了？

如果用特修斯之船上取下来的老部件重新建造一艘新的船，那么两艘船中哪艘才是真正的特修斯之船？此问题的提出，主要用于讨论同一性问题。讲传统、讲地区，讲它的延续、传承，同一性需满足两个条件：一个是结构上的相似性，另一个是时间上的连续性。比方说你从幼年长到成年，从生物化学的角度说，组成你的原子、分子已经因新陈代谢而完全更换了，身体结构和心智也发生了重大变化，可你还是你；假设你有一个双胞胎的兄弟，他的生理结构和你完全一样，可他就不是你。就是因为双胞胎的两个个体不存在时间上的连续性。由此可以推论，特修斯之船满足"时间上的连续性和结构上的一致性"，因此仍是原来的船。

我们谈到地方性时往往就讲"越是民族的，越是世界的"，如果简单地理解这句话，不作深入剖析，很容易导致错误的概念，走入认识上的误区。话题一出，都说世界是多元的，所以说民族性就是世界的。那么我问一下，泰国的人妖在我们人类里面是不是多元的？是的，是非常独特的一个奇葩。我们可能只是猎奇一下，绝对不会顶礼膜拜地去学习。所以，我们提出"越是民族的，越是世界的"的目的是什么？不仅仅是多元化。一个地区的建筑文化，之所以具有超民族性、具有世界性，首先取决于它在人类建筑文化发展中所达到的历史高度，即领先性；再就是取决于其在自身发展过程中是否始终与社会发展同步，能否与现实共鸣以及与其他建筑文化交融的程度。那种不具有历史进步性的、低层次的，所谓的纯粹民族性的现象，只能是落后的标志。

2　地区建筑原型的现代意义

再一个话题是地区建筑原型的现代意义。我们从生态学的智慧和特征中可以看到，在地区原生的建筑体系的生长演进过程中，一些生物发展出某种特别的形态表征或营建机制，从而变成某一特定生态区域里的最适者，即生物学中的"特化现象"。比如土楼、吊脚楼、窑洞，这些都是非常独特的地区营建体系，从进化的角度看，某一环境和时间下特化的最适者，可能在某个阶段非常适应那个环境（自然与人文）。但是太适应、太特化的结果，也可能使其走入死胡同，一旦周围的环境状态发生改变，过分特化的现象反而会因为无法改变而灭绝。就传统地区的建筑来说，它们的价值是并列的，但将现代意义加进去，可能有些只能成为文物，而有些可以和今天的营建价值观、工艺体系等找到交接点。比如说窑洞，它是一个典型的零能耗和零土地支出的"双零"建筑，和我们今天的绿色建筑追求的目标是完全一致的。假设它建窑占了100m²的宅基地，但窑顶可以返还100m²的菜地，极端天气下室外的温度一天相差30℃，而室内可以保持25℃左右的恒温。这种建筑形态与体系太了不起了。我们现在看土楼，将它放在今天的量大面广的人居环境建设当中，有没有意义，这是要思考的。当然，小规模的、实验性的、标本性的、文物性的都可以做，我们讲的地区性是指量大面广的主战场。它作为文物，标本的价值非常突出，但是大家可以去思考它和今天的营建体系能否保持同步。一个地区原生的营建体系能否走向现代，或者能否快速地达到现代的目标，并永续发展下去，主要在于：①这个营建体系的内在"地域基因"是否符合当前的发展需求；②它的结构关系和形态表征是否适于当前的技术运作；③它的功能和运营机制是否乎当前的价值标准。以上三种因素之一，或者合起来被证明是肯定的话，我们就可以说它是"适宜的"。

所以在地区建筑的保护、发展和营造中，我们要避免盲目崇拜历史上某一个辉煌的瞬间，况且有些形态在过去也并不那么辉煌。那么，我们今天为什么还要把这个包袱背在身上？我们贡献出来怎样的历史才是关键。我们在建筑文化的展厅中，不要总是说我爷爷、我奶奶有什么，总是抱着不放。我们在这个展厅里边能够为我们的子孙放上什么样的产品，使得它在几百年以后还能发出轰鸣声，这是我们今天要思考的。所以说，有机更新、地区建筑活态品质的提升是可行的。这样我们就可以找到核心价值，然后来检讨我们的行为，制定策略，找到合适的方法。

还有一个就是context，应该包括：来龙去脉、上下文、背景、环境、语境、场合、范围、关节、条件、领域、质地、处境……不知道从什么时候开始，我们把它仅仅理解为文化的脉络，最后往往变成处理一个历史文化符号传承的问题。所以说，一个地区的建筑文脉，应该是三向度的：前后、左右、上下。"前后"是昨天、今天、明天的历史发展，营建体系演进的脉络，我们回顾昨天，是为了照亮现实，目的是指明未来；"上下"就很清楚了，上有天、下有地，气候、地形、地貌，完全决定了地区建筑体系的在地性；"左右"就是今天的建造工艺体系、材料与技术发展，还有和同行对话的资格。只有把握住这三个向度，才有可能针对地区整体的营造体系和发展途径找到一定的目标。

3　地域基因

在这个基础上，我们提出了一个营建体系演进的"地域基因"的概念。生命科学的"基因"理论认为：生命系统与非生命系统的根本区别在于生命有机体有着一套相互制约的基因调控机制。"一方水土养一方人"，每一个地区都会给这个地区的人一个特质。同理，一方水土能够生成一方的营建体系。那么，我们反思一下，是否一方水土有的时候也能够生成一方怪病。一方水土也有可能生成一方的怪建筑，奇奇怪怪的建筑就出来了。我们讲的"地域基因"应该是营建体系对不同条件和因素的应对策略与方法。正如每一个地区的生物可传递这个地区的信息，如果把生态规律和营造规律比对一下，会发现有"异质同构"的现象。所谓异质同构，就是指不同的物质之间具有相同的结构和规律。在过去、今天和未来的发展目标下，怎样去建构"地域基因"？在不同地区的营造体系里，我们是否能识别出哪些是优良基因，哪些是病毒？如果我们有健康的肌体、合适的工具，就能够判断出来，修正和替换患病的基因，激活健康的基因，再置入新的基因。这样，地区营建体系就可以得到良性的发展。

4 两种态度

刚才讲到该不该崇拜大师，可以崇拜。崇拜之后，脑子要清楚。地区营建的目标体系实际上是有梯度的，由低级向高级不断地追求（图1）。需求条件由低级至高级，级别越低，重要性越强；而满足需求的因素越多，建筑空间的复杂程度就越高。基本要素缺少的空间即为缺陷空间，复杂程度越高，缺陷越小，越接近地区营建的真实目标（思路来源于刘加平院士）。那么，这个时候你从哪里进入这个梯度？是文化、形式，还是个人的价值观或地方政府的价值观？或者是脚踏实地把最重要的问题解决，然后逐渐向高的目标追求？这取决于每个人的态度和进入的不同程度。许多大师的建筑空间是有缺陷的，他把很多重要性的东西抛弃掉了。这样，我们就清楚该做什么了。

将两种地区建筑营建的态度作一个比较。一个更多地关注富人与权贵，有很强的个人情结，是大师个体的作品，体现的是唯一性，更像是T台上的表现，T台上有很多镁光灯，可以非常耀眼，闪亮登场，会拥有大批的粉丝；另一个更多地关注穷人与大众，是根据系统的需求，关注这个地区量大面广的人居环境建设，更要体现出普适性，更像是后台，要做大量的基础工作：经济、政策、社会，关注营造的方方面面和整体的发展方向，会结识很多的伙伴。梅须逊雪三分白，雪却输梅一段香。这两个方面各有各的主战场，各有各的展示。相互之间不应该是不屑一顾，也不要嗤之以鼻，而应该是互相凝视，最后互相欣赏。这应该是我们对于地区建筑的一个愿景。

5 适宜性技术

最终回到我们建筑学要练什么功的问题，特别是回答在座的学生们的疑问：最后要回归适宜性技术。我们看到的所有的地区营建体系与建筑文化，其实都是有一套技术支撑的。建筑是一个技术集结体，是人类文明及进化在可见形态中的技术塑造。各个地区的建筑被视作记录社会技术文明发展程度的载体，因而技术就会具有明显的"社会性"和"地域性"。

营建策略与技术有两种划分：①以经济含量的多少以及技术难度的高低为标准，可分为高技术（high tecch）、中间技术（intermediatetech）和低技术（low tech）。②根据技术运作过程中投入能量的不同以及技术设备的复杂程度的差异，分为被动式（passive tech）、主动式（active tech）两种。适宜技术（appropriate tech）是针对特定社会环境而言的技术难度和经济成本适当的技术。它不是单纯的高技术或低技术，而是经过成本效益综合比较后对二者进行整合的产物，是对多层次技术的综合运用。建筑师，特别是年轻的学生，应该知道我们要关注的主要是在被动式技术，即把被动式技术和设计创意结合起来，找到适宜性的技术。这种被动式设计策略的靶点是这样的：你处在一个特定的地区

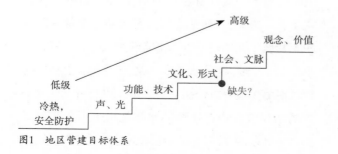

图1 地区营建目标体系

和特定的基地，了解地貌和气候的规律，把握材料和构造性能，把最便宜的、最具性价比的、最常用的材料根据人的需要巧妙地营造和控制起来。

我们要了解一些被我们称为"效应"的材料及构造，其中最巧妙的是腔体，它可以呼吸，可以有弹性，可以运用冷热气流的运动与传导。这些物理、生物现象，能够聚集在一起互相作用，以寻求一种合成后对人类有用的效果。这些"效应"包括四种无机效应，即温室效应、烟囱效应、半圆顶效应、蓄热效应，这些是物理规律作用的结果。大家应该都能理解，它们都是有腔体的。蓄热效应就是使用厚重的、粗糙的、重颜色的材料，它们在太阳辐射下会吸热，经过源源不断地受热，可通过材料的导热系数、墙体厚度计算出穿透墙体的时间。冬天太阳有效照射时长为8～9小时，正好热能穿透墙体，晚上为室内传热——这是非常巧妙、非常智慧的（图2）。

还有半圆顶效应。中东地区或者干热地区的建筑，它的穹隆顶是一个特点，如果不了解形态背后的逻辑，就会把它当作是地区的符号，然后用来进行建筑创作，也用穹顶，然后讲这是穆斯林地区的，这是它的文化——其实不是这么简单的。对地区建筑设计方法和策略的再发现和提升，是对拱顶和穹顶的利用：①室内高度增加，上空的富余空间，可以保证热空气的上升和聚集在远离人体的位置；②屋顶的表面积有所增加，太阳辐射作用在扩大的面积上，平均辐射强度相对降低，屋顶吸收的平均热量下降，因此对室内的辐射强度有所降低；③一天当中，有部分屋顶始终处于阴影区，可以吸收室内和相对较热的部分屋顶的热量，将其辐射到阴影区内温度较低的空气中。最后一种作用对于穹顶来说，效果最为明显。这才是聪明的适宜性技术，而不仅仅是一个符号（图3）。

图4所示为特朗勃墙的工作模型，非常聪明、精巧、简单，通过一个可调节的腔体构造来适应两个季节的四种状况：冬季和夏季的白天和晚上。

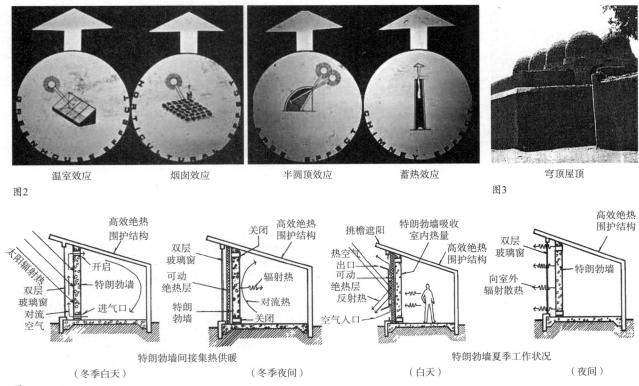

温室效应　　烟囱效应　　半圆顶效应　　蓄热效应　　穹顶屋顶
图2　　　　　　　　　　　　　　　　　　　　　　　图3

特朗勃墙间接集热供暖（冬季白天）（冬季夜间）　特朗勃墙夏季工作状况（白天）（夜间）
图4

27

6 低碳乡村实践

我们现在在作"低碳乡村"、"绿色农居"这方面的研究（图5）。图5所示为我们规划与建造的浙江安吉的一个村庄，其中心水面叫做月亮湾。它实际上是三个支流下来形成的一个水塘，然后再流向下游。水岸旁边都是新建的房子。月亮湾的名字非常漂亮，但是它在枯水季节没有水，实际上是一个垃圾坑。我们想在枯水季节，能不能把水蓄住，使其真正变成一个月亮湾。

河道中是一个违章建筑——小卖部，再加上这个地方有一个水湾，这个"场所"已经形成了村子里面的一个集聚的空间，村民对它的归属感和认同感很强，老人和孩子们都在这个地方聚集。能否将错就错，结合水的改造形成一个村民心目中真正的月亮湾？这一场所打造的关键点就是在枯水季节想办法把水蓄起来。我们根据不同的高程，将其做成一个一个的滚水坝，水漫上来后可以形成一层一层跌落的水池（图6、图7）。

对于这个小卖部，为了尽量少花钱，我们直接用竹子当浇筑混凝土的模板，竹模板一拆就形成了混凝土墙上的竹凹槽，光影效果极为突出（图8～图10）。

旁边有一个废弃了的小学，是村子的集体财产，对此，我们作了一个绿色农居的改造。这是一个四开间的二层小楼，一、二层各有一个两开间的教室，中间一个3.6m的楼梯，另外一个开间下面是厨房，二楼是老师的办公室（图11）。首先为这个挑出来的1m的牛腿加构造柱支撑，之后做玻璃面，形成一个腔体太阳房，楼梯间前加上门斗，形成门厅。下面的教室改成客厅，增加了一个书房和活动室。原来的山墙有西晒问题，改造后形成一个中庭，使得原来的西山墙形成了大面积的阴影。新增加的功能空间与前面的廊子结合起来，形成了一个室内空间的闭环。紧邻道路的地方做了一个可调的车库和举办红白喜事的餐厅。中间楼梯3.6m宽的梯段对于居家来说太大了，1.2m就够了，我们就直

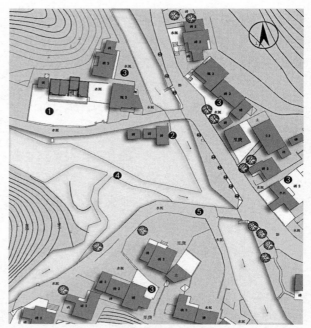

图5 安吉县郼吴镇景坞村农房改造示范村规划设计平面

改造前

图6 月亮湾节点改造前

图7 月亮湾节点改造效果

图8　月亮湾节点改造后

图9　滚水坝

图10　竹模板混凝土

改造前

图11　小学改造前

接用毛石在梯段上砌墙，中间多出来90cm的腔体。下通地，上破顶。下面和地沟结合起来，上面冲出屋顶，再增加2m，做出这样一个形态（图12）。在出屋顶的地方用粗糙、颜色重、吸热的石头形成局部的微气候。冷热温差，加上烟囱效应，使得拔风效果非常好。里边的这个房子围绕着中心筒腔体，以负压带动房子里面的通风。利用当地的材料，东、西山墙为了防晒，做上龙骨，把竹子和角钢结合起来做成模板，这样就变成了一个复合墙。雨水

打不到墙上，打到竹子上就滴下来了。太阳照射到墙上，半空的竹子中间有空气间层，这个墙的辐射热就大大降低了。竹模板横着放在这个窗檐上，可以遮阳，加上中水的利用，还有一些呼吸的保温墙。这样一共有10～12个"绿色农居"的被动式技术，可以推广。经测试，人居环境的品质与房屋的物理指标大大提高。不管是空间质量，还是形态上的视觉效果，都有了一个新意（图13）。

　　谢谢大家！

一层平面图　　　　　　　　　　二层平面图

图12　小学改造后

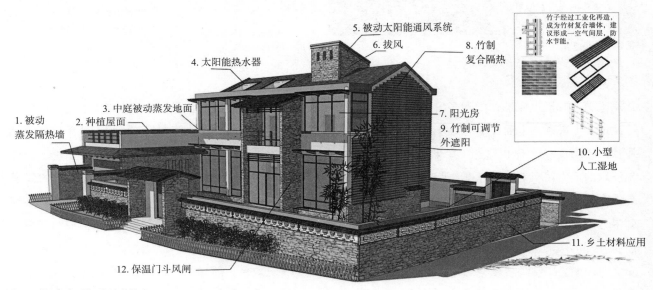

5. 被动太阳能通风系统
6. 拔风
4. 太阳能热水器
8. 竹制复合隔热
3. 中庭被动蒸发地面
2. 种植屋面
1. 被动蒸发隔热墙
7. 阳光房
9. 竹制可调节外遮阳
竹子经过工业化再造，成为竹材复合墙体，建议形成一空气间层，防水节能。
10. 小型人工湿地
11. 乡土材料应用
12. 保温门斗风闸

图13　"绿色农居"被动式技术

台湾省史前建筑的一个人类生态学假说

关华山

台湾省东海大学建筑系教授

很荣幸来到这里。这是我第一次到清华。今天作这个报告，应该非常符合整个研讨会的主题。过去三十多年，我自己对台湾省的原住民居住文化作了一些追索，发觉这么小的台湾省，竟然有十多个民族，各民族的社会文化、语言甚至建筑方面的表现，都不太一样。这个多样化到底是怎么回事？追索此问题其实就是追索台湾省史前建筑的源头到底是什么，然后它怎么发展到了17世纪至20世纪上半叶民族志所记载的各族建筑。这里要报告的，当然还只是初探。我们就来看一看，到底有哪些相关的事实或线索，甚至理论上面的，我们可以下手。先请大家关注一个理论——生态人类学。它源自于文化生态学（cultural ecology），此理论大概是20世纪70年代Julian Steward这位人类学者所发展出来的。他的主要看法是：人类的文化或者文明，其实不是单线演化的，而是随着人到了不同的地域、环境，然后创发，得到一种所谓多线演化出来的结果。我觉得这个理论非常有启发性。后来在人类学界产生

了强调生态适应与文化发展有密切关联的说法。这与今天研讨会的主题——吴良镛先生特别提到的地区性建筑，息息相关。

其次，我们来看台湾省史前建筑中有什么线索。第一，考古学家从日据时代就开始关注考古遗址，到了1945年以后，更多的考古学家投入工作，累积了很丰富的发掘研究成果；第二，历史学方面，能够追索的也就是明清的史籍，还有就是大航海时代欧洲人来到台湾省的相关记载，加上日据时代日本学者因为要了解台湾省而做的相当多的民族志；第三，就是语言学家对于南岛语的追索以及人类学家对于南岛语族相关文化的研究，均累积了不少成果；再有一个就是地理学家对于台湾省地理、环境、气候方面的了解。通过这几方面，我们来看一看台湾省的史前建筑是怎么回事。

建筑方面，藤岛亥治郎是日本建筑史研究方面重要的学者，当时他对台湾省建筑史也提出了一些初步的看法。千千岩助太郎比较特别，他是一位非常用功

的学者，是成功大学建筑系前身——台南工业学校建筑科的创科主任。他曾经在1930年代走遍台湾省各地，广泛实测各族的建筑，留下了珍贵的文献资料。

当然在台湾省的考古遗址方面，也挖出了许多柱洞或者是地面的排石，被考古学者大概归成干栏式建筑或地面式建筑。至于这些建筑到底长成什么样子，也没有学者真的有把握厘清楚。成大建筑系的林宪德教授有一些看法，因为他是留日的，所以延续了日本学界对于日本建筑源头的看法，有一个广域的了解，甚至对东南亚地区的建筑都非常关注，由这样的一个传统，他提出了一些看法。台湾省所谓的"平埔族"，就是在平原上面居住的原住民。至于住在山上甚至后山，也就是在台东那边的，都属于所谓的高山族，他认为这跟中国大陆南方的壮族、傣族等，都属于百越，但他是以比对的方式关联起高山/平埔族与壮傣/南岛系。至于建筑形式，他认为台湾省的泰雅族很特别，他们的住屋是挖到地下，所以认为它是竖穴式的。大陆的中原和日本的史前建筑，大概都是竖穴式的，有方有圆，相对的就是干栏式的，他把它们比对成：平埔族是干栏式的，山区的就归到竖穴式，他也以此方式去跟世界各地的尤其是大洋洲的建筑去比对。基本上，他的看法暗示了一种所谓的单线演化或者是文化传播的视角（表1）。某种程度上而言，平埔族是壮傣系，高山族才是南岛系。事实上，平埔族就是南岛语族其中之一。

我们再来看台湾省的考古界依地域所分出来的各种文化，包括最早的旧石器时代。此时代其实出土的东西并不太多。大概世界各国学者都认为旧石器时代人是住在洞穴的，因为住在树上的不可能有遗迹，没有办法观察、了解到。再下来，到了新石器时代，台湾省起始基于大坌坑文化。再下来，各地域就有些分歧了，一直到铁器时代，甚至到了历史时代，分歧更大。这表2是比较特别的，它还把自然环境的变迁、气候、温度的变化列在最右一栏，指出旧石器时代、新石器时代和比较接近近代的这些时段的气候温度是有变化的，甚至海平面也有变化。主要是，旧石器时代属于冰河时期更早的时间。大致上新石器时代的文化为什么会产生分歧？因先民到了台湾省的不同地理区位，而产生了社会、文化发展的隔离与区分。

旧石器时代是怎么一回事？图1是在台东面向太平洋的一座山，最上面称为昆仑洞，距今两万多年；再来是干元洞，位于中间；潮音洞在下面（图1）。这张图显示了陆地与海平面升降的关系，陆地抬升大约一年不到1cm。为什么会升？因为中国大陆板块和菲律宾板块挤压，让台湾省一直在抬升。最高的玉山有3900多米，也一直在拉高。所以我常说，台湾省的土地是嫩的地块，大陆是老的地块，由上述现象就可以理解。干元洞出土文物经碳14检测约为距今一万五千年前，潮音洞则已经到了新石器时代跟旧石器时代重叠的时期。

论及前述的"大坌坑文化"，任教哈佛大学多

族群、居住地区与建筑式样差异对比表
（关华山，2016）　　　表1

	台湾省	其他地区
族群	平埔族 vs. 高山族	—壮傣系 vs. —南岛系 ｝百越
建筑式样	山区：竖穴式 vs. 平埔：干栏式	—东亚、美亚、北太平洋沿岸、汉、北亚、大陆（文化） vs. —日本琉球、东南亚、东夷、百越、南岛、海洋（文化）
	平埔：平台式 vs. 平埔：干栏式	—Micronesia、Melanesia、Polynesia、东太平洋 vs. —东南亚、百越

图1　八仙洞全景显示三层平台（臧振华，2009:245）

年、台湾省出生成长的考古学家张光直先生，是著名的中国考古学方面的专家。他在1986年就画出了一张图，显示"大坌坑文化"均出现于中国东南沿海和台湾省西部，两岸其实是相通的，有一样的考古文化层位。新石器时代的六七千年前，中原的仰韶文化、马家浜文化、大汶口文化、河姆渡文化，包括大坌坑文化，他认为这中间都有互动。当然中原很快地就进入历史时代，反而在台湾省，新石器时代拉得更长。

下面我们再论及所谓的南岛语族。语言学家发现，从台湾省东到复活岛、夏威夷岛、新西兰，西到马达加斯加这个菱形海域内岛屿上居住的人，说的语言是相通的，被归为所谓的Austronesian language，各地说的话都是此语言的分支。目前，南岛语族有将近4亿人口。语言学家有一个原则，哪个地方语言最歧义的地方，大概就是这个语言开始起源的地方。很有趣，台湾省的各个原住民的语言，其实只有四分之一的语言跑到外面了，还有四分之三是不一样的、歧义性大的，留在台湾省，一直到近代。为什么会这样子，语言学家有一个"快车论"，讲怎么这么短的时间就可以扩散出去。新几内亚和澳大利亚不属于此范围，只有沿海的新几内亚是属于南岛语族的，包括东南亚的马来西亚、印度尼西亚等，基本也属于南岛语族。正是赤道洋流不同方向的海流与风向，将他们跳蛙式地带往太平洋各角落，以至非洲东岸，构成所谓的南岛语族。

依据语言学家的研究，东部和西部的南岛语拉得很远，可是都有一些同源词。由这些同源词可以大致推导出最古老的南岛语族的生活，包括他们的居住文化，正是干栏式建筑。这是台湾省中研院语言学家李壬癸院士整理出来的文字。

"大概为了避免地上潮湿或防止毒蛇入侵，他们的房子都用柱桩高架在地面上。

进出房子利用爬梯，而爬梯大概就用削刻凹口的木头。

屋顶是人字形，有一根屋脊大概是用倒翻的木柴或竹子搭盖来遮雨，上面铺草（可能是西米叶

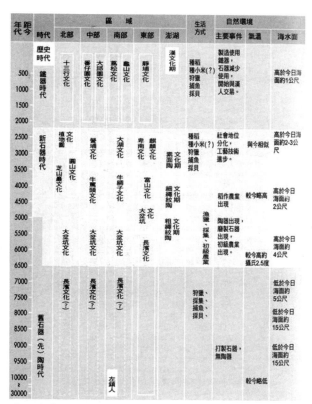

图2　台湾地区史前文化

子、草叶子）。

屋子里地板上，有一个火灶。上面有一层或几层放置炊具、木柴的架子，用木枕睡觉。"（李壬癸，1997：169）

这个古南岛语族难道和大陆无关吗？一般来说，古南岛语族应该是五六千年前居住在中国东南沿海与台湾省的人，也就是我们刚刚讲的大坌坑文化人，他们是跨两岸的。再从张光直先生的图来看，大坌坑文化人跟河姆渡有交流的话，那么古南岛语族和河姆渡文化人的干栏式建筑大概是共通的，换言之，从河姆渡遗址复原出来的建筑形貌正可以供我们参考。

河姆渡遗址，看到的都是木柱，立着或倾倒的（图3～图5）。这个建筑遗迹很有趣，这么多年还能保留，应该是土壤很潮湿，木料淹在里面而保存下来的。换言之，这些房子应该跟水岸有很大的关系，也因此有高架的干栏式建筑出现。所以中国建筑的发展，后来木构造的榫卯恐怕不单纯是中原

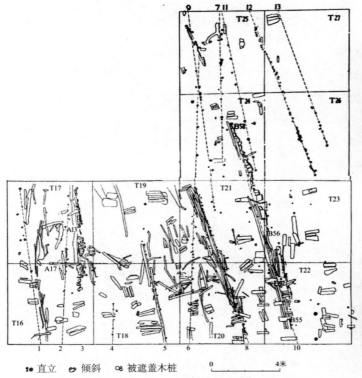

图4 木构工艺水平高（http://forestlife.info/Onair/215.htm）

图5 入口在山墙面，有露台（http://forestlife.info/Onair/215.htm）

图3 河姆渡遗址第四层干栏建筑遗址平面图（杨鸿勋，2008：49；林会承，1984：81）

图例：
•● 直立　⌐ 倾斜　∞ 被遮盖木桩　0　　　4米

自己发展出来的，也有可能是在跟河姆渡等南方的互动中采借来的。此建筑复原出来的形态，呈现高架、平台、两坡对称屋顶。至于支柱顶，多是五排柱，或是三排柱，而且于山墙上开出入口。

我们再看一些考古方面的证据。台湾省一位考古学家洪晓纯教授，她发现三千多年前台湾省的玉曾出现于东南亚地区，也就是花东丰田、卑南地区出土的玉器，都已经到了这些地方。换言之，三千年前此区域就有人来来往往了。刚才我们也提到，第一波从台湾省移出的人口大概是3500年前。所以从那个时候就已经有相当多的海上往来或贸易出现。如果再推，两千多年前，玛瑙珠、琉璃珠、青铜器模具等，又遍布东南亚，像排湾族的青铜器宝刀，雕塑非常精密，基本上也应该是从东南亚、大陆输送过来的。

台湾省考古遗址出土的重要建筑遗迹，基本上有柱洞、地面排石两类，倒没有真正像大陆北方或者日本的那样浅的、圆或方的竖穴。在三千多年前，刚才讲的出土台湾省玉的东部卑南遗址，包括

中部山区的曲冰遗址，出现了非常多的石板棺，卑南这边制造玉器的某种工厂都出现了。在曲冰反而比较少，但是用来做住屋铺面和墙的石板，却很大量。此二遗址大概是台湾省南部排湾族、鲁凯族，中部布农族石板屋的先声。另外，2000～2800年前，在台南，也就是现在的南部科学园区，出土了非常多的考古遗址。其中比较特别的是三抱竹遗址，它有非常密集的柱洞，可是它没有木头遗构，显然它还没有像河姆渡那么好的条件能够把木头保留下来。台湾省只有宜兰淇武兰遗址，因为它淹了水，木头被保留下了，但是它的时间比较晚，800～1300年前，而被认为是平埔族也就是噶玛兰人的祖先的房子，基本上也是采用干栏式构筑。

3600～4800年前的讯塘埔文化的遗迹内也有柱洞（图6）。各位可能看不出名堂，我也看不出来到底这里的房子会是怎么个样子，很难推测。大部分台湾省的考古遗址都是这种状况，除了刚才讲的台南三抱竹遗址以及淇武兰遗址。这么多柱洞只能说

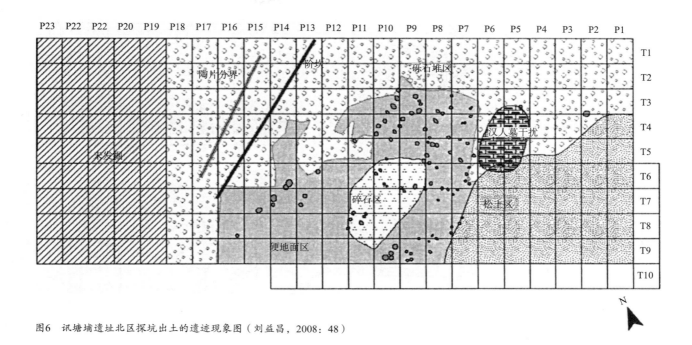

图6　讯塘埔遗址北区探坑出土的遗迹现象图（刘益昌，2008：48）

有相当的可能采干栏式住屋。

　　中部山区曲冰遗址的石板屋相连排列，看来是以南北的方向为主。住屋的开口应该是朝东。地底下出土很多石板棺，它的走向又是东西向的。我自己在想，恐怕是旧石器时代，人对石头特别有感情，而且能够分类。到了新石器时代，就开始发觉板岩很有用，可以做石棺，又可以盖房子。其实在旧石器时代台湾省的东部也有立很高的石板，或者巨石挖洞，不知作何用，统称为巨石文化。延续下来的，就开始使用石板盖屋子。倒是曲冰遗址中没有看到石板墙，或者大片立石柱，只有很大片的石地板。这和后来我们看到的排湾、鲁凯、布农族的石板屋，其实还是有许多不一样的地方，只能说是它们的先声。

　　南科三抱竹遗址的柱洞图是考古学家加工的，特别用不同的颜色显示房屋区块，里面其实是密密麻麻的柱洞。大块的大约是住屋，呈东西向。至于两排南北向的柱洞，只有2m宽，很显然是不同的建筑。依推测，他们大约是谷仓或船屋。至于绿色标示的就是墓葬，方向也呈南北向，所属年代是2000～2800年前。

　　台湾省原住民族群多样的居住文化，到底怎么多样法呢？平埔族、阿美族和卑南族都住在平原，

基本上是母系社会，可是在山上的，大多是父系社会，只有排湾族、鲁凯族是阶级社会，有贵族、平民，更准确的说法有所谓的家屋社会（House Society），也就是每一家都有名字，是为一法人。像排湾族就很特别，采长嗣继承制。家屋社会的特质主要在于家屋这个法人，它所有的property要一直传承下去。除此之外，这种社会也会特别看重"家屋"这个实体，包括其形貌。研究东南亚南岛语族也发现这种社会形态以及华丽的家屋。当然台湾省原住民族群还有头目制度，只有雅美族是平头社会。信仰方面也非常奇特，包括矮灵祭，矮灵是赛夏族祭祀他们遭遇到的小矮人的灵。基本上台湾省原住民是无文字的，均口传人生经验，所以整体来讲，他们一直处于部落社会，还没有到达"王"的这个阶段。台湾省这么小，出现这么多样的文化社群，他们的建筑基本上都是简单的形式、构造与空间组织，例如泰雅族、赛夏族、邵族的住屋，都是采简单的构造（图7）。

　　刚刚讲的都是两坡屋顶对称的房子，所以它们坐落在山上，也要整平它的基地。但是石板屋就不一样，它的前坡长、后坡短，这样才可以沿着山坡去盖房子。也就是布农族、排湾族和鲁凯族的住

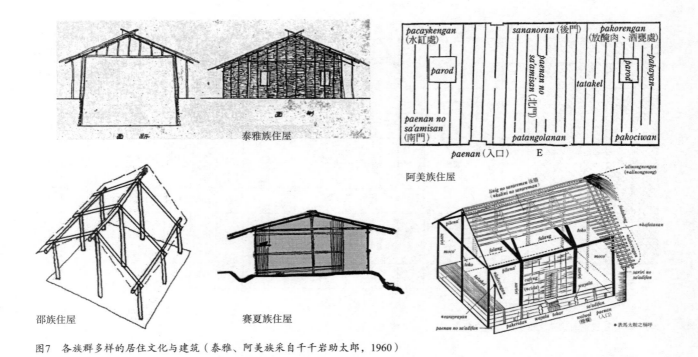

图7　各族群多样的居住文化与建筑（泰雅、阿美族采自千千岩助太郎，1960）

屋，用了大量的石板做墙，后墙可以欠入山坡，不怕潮（图8）。梁柱采用木头，上面也以薄石板做屋顶。中部布农族的石板屋全部采用石板，而且屋内凹下去，是为防御（图11）。

台东卑南族的少年会所（图10）呈高架式，平面接近正圆形。少年住在房子里面，接受胆识、武功、打猎等训练。

台湾省邹族的房子也很特别，它的平面是椭圆的，构造采用两坡顶，可是前后又加了角锥形的屋顶，遮盖住椭圆形的平面（图11）。现在让我们看看邹族的家屋具有什么文化上的寓意？事实上，家屋的各元素与他们的宇宙观、地理观，甚至怎么待人，都有密切的关系（图12、表2）。邹族家屋前门只能男生走，后门女生走，而且后院是养猪的，男人从来不碰家猪，男人碰猪是去猎山猪的时候。前门面向日出方向，也是玉山所在，那是天神来的地方。日落面对的是塔山，人死了以后，灵会去那边，那边有个女神叫尼弗努。所以非常有趣，这几组相对的人、神、地理、方向，构成邹族二元的宇宙、空间观。台湾省的各个原住民族都"出草"。

"出草"是维持自己的传统领域，去敌对的部落猎人头。"出草"这个仪式，甚至"出猎"，是把一个部落的男性当成动的"灵"出征，去跟敌人动的"灵"较量，赢了，我就取他的头（头是"灵"所在的地方），以增强我自己这个部落的灵力。打猎，则是猎人动的"灵"比动物动的"灵"还强，就可以把它取回来。种小米，女人也可以去，那也要跟小米的"灵"祈求，丰收回来。这样的过程，非常有趣，也就认定了敌境、猎场、农地与部落本身空间上的划分。

邹族的男子会所同样特别，具有自然美学特征（图13）。排湾族有几个部落竟然还有房子，像小包车一样，天花是圆圆的，它的剖面呈现为两个房间。排湾族有各式各样的谷仓，形式非常多。

李壬癸教授有一个大胆的假设，台湾省南岛语族在岛内迁移的路线。他观察到台湾省嘉南平原的南岛语言歧义性最大，依照语言学的原则，他认为这里是主要人口的发散地。依照各族的神话传说、迁移故事以及考古证据，他大致理出了一个古南岛语族较大宗人口迁移发散的路线以及时间点分布图

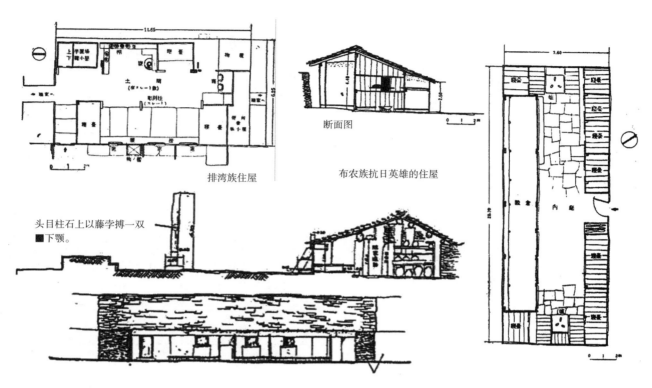

断面图

排湾族住屋   布农族抗日英雄的住屋

头目柱石上以藤孛搏一双
■下颚。

图8　布农、排湾、鲁凯族家屋以木石构造（石板屋）为主（千千岩助太郎，1960）

图9　布农族的石板屋（森丑之助，1915）

图10　阜南少年会所（佐山融吉，1913：271-272）

（图14）。

　　比较特别的是兰屿的雅美族，推测大概在700年前，和语言最相近的菲律宾巴丹岛的族人起了冲突，与之断了来往。换言之，3500年前由台湾省跑出去的人又回流，回到了兰屿这个小岛营生。兰屿的建筑非常有特色。整个坐落于山坡地，它的主屋是凹下去的，地面上有工作房、凉台，也可有产

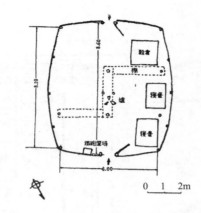

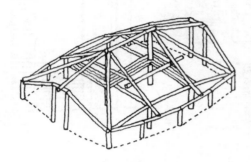

图11　邹族家屋

范畴	特质		
宇宙观	日没	天幕	日出
	尼弗努神（女）		天神 hamo（男）
	月		日
	死亡（反）		生命（正）
地理观	塔山		玉山
	日没方向		日出方向
	（地）下		（地）上
	土地		天空
建筑形式 空间构筑 功能美学	屋顶		
	后门	火塘	前门
	侧门		
	后院	前院	
	粟仓	室内葬	兽骨架
	粟神		猎神
	猪、鸡		薪材
人体观	（女）	人体	（男）
	下身		头、胸
	肮脏		干净

屋。主屋室内还分阶段，屋顶前坡长、后坡短，整个房子是一个木盒子，非常结实，为什么？要抵抗台风。台风从太平洋往西吹来。主屋室内有好多门，门的数量显示主人的家在慢慢扩充，也代表他在部落的声望逐渐提高，因为盖出三门屋及四、五门屋都要举行落成礼，分肉与水芋给族人，显示主

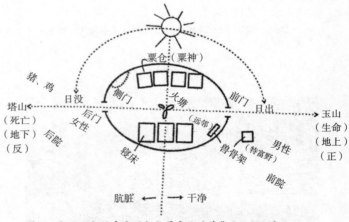

图12　阿里山邹族宇宙观与住屋意义（关华山，2016）

阿里山邹族出征时聚落空间、地点与人观之象征关联（关华山，2016）　　　表2

空间、地点	部落、大社、Kuba	鸟占处	梦占处（ojona paebei）—30m→ 出征起点、敌境	
空间功能	/战祭、出胜祭	/出征领袖进行鸟占	出征队梦占 梦凶不出征者守候处 出征队返回住宿处	/祈天神、战神处
空间元素、祭仪道具	/火塘 /燧火具、fuku?o	/火塘（不熄） /出征者带燧火具、fuku?o		/火塘
空间象征（人观）	/敌首（敌人之 piepia 灵） /部落的 hazoo 灵及 body （妇孺老弱留守男人）	出征队之 hazoo 灵 ← 诸神引线 部落的 piepia 灵（出征队男人）	→ 出征队之 piepia 灵	敌人的 hazoo body
性质	不动的	不动的		动的

图13　日据时代的邹族男子会所（鸟居龙藏，1996）

人家如何努力工作，才有今天的成果。它显示的是海洋文化，以捕鱼为主，太平洋的黑潮带来的鱼群可以说是他们天然的冰箱，他们要进食蛋白质就要去抓鱼。另外，他们种水芋，水芋是淀粉的来源。主屋内部的陈设，尤其是后室、后廊，我的研究显示，相当于汉人的正厅，祖宗牌位、地基主神放的地方，是跟上天连通的空间。甚至他们也分出男女空间差异，男人只能走日出边的门洞，女人走日落边的门洞。这些构成了意义丰富的雅美族家屋。

如果随着李先生的古南岛语族在台湾省岛内迁移的路线图去看，为什么会演化出各族建筑的不同形式？我们已经知道平埔族的房子其实非常简单，由三道或五道柱列，两坡对称屋顶构成，大约与河姆渡的住屋形式是相通的，然后才分出好多变异性的，包括靠着山壁的石板屋，包括雅美族的这种建在凹下基地上的前坡长、后坡短的主屋等各族的住屋形式构造。这个议题显然需要更深入的研究，才可能得到更多的发现。

另外，我们得注意到台湾省地理与气候的特殊性，这些也深深影响到了台湾省史前建筑的发展。如果检视台风从赤道吹过来的路线，最集中的是袭击到广东、南海、海南岛。可是到台湾省和菲律宾时，大多已经变成强烈台风。我常说，台湾省人是台风的命，一出生，每年都要为台风来不来担忧。此情况大大地影响了台湾省各原住民族群的居住文化，包括排湾、鲁凯、布农族的石板屋，雅美族的地下屋，这些是全世界所没有的。

再看台湾省地理的变化。我们单看看嘉南平

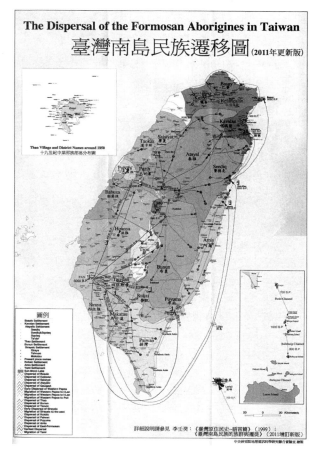

图14　李壬癸教授曾提出台湾省南岛民族岛内迁移的假设（李壬癸，2011：彩图）

原、曾文溪和盐水溪这个地区，它出现了非常多的考古遗址，在史前时代，这里还是内海、沼泽、河流地带。考证出来的17、18世纪的海岸线其实还很接近丘陵地带，台南其实有一个内海，现在这个海岸线已经大大西移了，三四百年间变迁非常大。

各位也看到，其实台湾省没有竖穴式，为什么泰雅族要凹下去它的屋子内部？因为他们住在海拔很高的地方，接近温寒带，一个屋子要有两个火塘。布农族也是，这两个族的居住地都是最高的。排湾族和鲁凯族住在中海拔山区，所以他们一个屋子只有一个火塘，邹族也是。

基于以上，如果我们再看台湾省的历史，其实台湾省和日本大概没有大量人口流动的情况，只有到丰田秀吉和德川家康统一了日本以后，都曾想打台湾省，而且真的出兵了，可是半途遇到台风就不敢来了。所以从大陆出来的古南岛语族人口，到了台湾省，一直到16、17世纪大约都是自给自足为主，没人打扰。反而因为气候、地理环境的不安稳，促使古南岛语族持续往南、往东、往西迁移，一直到现今南岛语族所居住的广大范围。

依照生态人类学，台湾省这么小的地方，因为它的地理环境从温带一直到亚热带、热带都有，大陆板块与菲律宾板块互相挤压，所以产生了很多角落的小空间，人到了不同的地方就得去适应这些地方。一般来讲，母系社会在平地是可以，全世界的母系社会都在坝子、平原上，才可以实行母系继承制，到了山上或其他特殊气候、地理条件的地方，主要还是采父系社会或其他亲属制度。所以是地理环境的原因促使台湾省的原住民这么多样。多样其实也是因为他们一直处在部落社会，是氏族、血缘群队的移动，人口扩张了，到新的地方去适应，再逐渐创发出各自的居住文化。

这就是我今天跟各位分享的。谢谢大家！

与传统对话：意象作为一种设计思维

李晓峰

华中科技大学建筑与城市规划学院教授、副院长
《新建筑》杂志社主编

很高兴有机会参加"地区建筑"主题会议。我对地区建筑相关话题一直很有兴趣，也作过一些思考和相关实践。今天在此介绍的是我们这些年开展的一些专题教学研究工作，涉及对于地区性的认识。

这是我们在本科四年级设置的一个专题研究设计，是关于"传统"的专题。我承担过十余年的中国建筑史课程教学任务，同时也一直上设计课。期间总有学生问我，建筑史和设计到底有什么关系？我回答：当然有关系！但究竟如何让学生真切地理解这种关系呢？于是便萌生了在高年级设计课中设置"传统意象设计"题目的一系列尝试。

关于建筑的地区性，我想可以从三个方面来探讨：空间的地区性、时间的地区性和人文的地区性。所谓"空间"的地区性，主要关注建筑的在地性、地域环境特点；"时间"的地区性，主要关注与历史脉络或地域传统的关联；而"人文"的地区性方面，则强调与各地域人居行为、社会环境的关联。三者往往叠合在一起，它们显然都属于"地区性"这个

主题的内容。今天在此探讨的，应该是与"时间"的关联更多一些，我们称之为"对话传统"。

1 设计课的尝试

关于"传统"，在中国，是几代建筑师都绕不过去的话题，有时候甚至是令人非常纠结的话题。许多建筑师一直在琢磨，在当代建筑设计中到底应该怎样与传统建立关联？在材料、文化、技术都产生了巨大变化的新时代，我们似乎不需要那种地地道道的仿古建筑了（除某些特殊情况）！我们也越来越不希望在现代城市中出现一些貌似古建筑的让人腻味的房子了。但自20世纪初期以来，确有很多建筑师曾围绕如何承袭传统的问题进行探索并展开讨论。我们到底需要什么呢？人们逐步认识到，能够真正反映生活、反映历史、反映深厚文化的建筑应该受到更多的肯定。当然，大量的建筑作品或许不必肩负那么多"负担"，但在某些情况下，特别

是一些文化类建筑，或者是在一些历史环境中的新建筑，当然应该与地域历史文化有所关联，而回溯传统是一种关联的途径。对于中国人来说，回溯传统不一定是对于现代主义方盒子的厌倦。在物质生活发展到今天，更需要一种精神上的回馈。

在应对全球化的同时，保持一些地域文化的特性，建筑作品在体现现代性的同时，不切断与传统的关联，是地区建筑设计理应关注的内容。一系列的探讨由此展开：能否通过重新审视传统文化，将其特质融入当代设计中？近百年来几代建筑师在这方面都有哪些探索？能否突破当下各种时髦形象的重围，创造出具有原创精神和文化意味的新作？这些都是我们希望在设计教学中探讨的。

在课程的开始，我们会向学生们介绍自20世纪初开始的一系列相关探索。我们将这些探索分为四类：其一，"形式仿鉴"类，即所谓通过仿鉴而形成传统风貌的类型；其二，"符号凝练"类，即以可读性强的传统建筑符号提示与传统的关联，例如西藏大厦、北京西客站等；其三，"文化隐喻"类，如上海博物馆、河南省博物馆等，这也可以理解为符号凝练的抽象化，需要延伸解读；其四，"意象设计"类，希望通过意象思维，多角度地理解和体现传统精神。这部分是课程的重点。为此，我们要求学生作一系列案例研究，推荐分析深圳何香凝美术馆、天津冯骥才艺术中心、苏州博物馆等案例。我们希望引导学生通过"意象设计"的操作，追求某种"空间意境"。

2 关照传统的系列探索

第一类，形式仿鉴。童寯和梁思成这两位先生，从20世纪三四十年代到五六十年代，一直都在关注传统与现代的关系，但两位先生的见解大不相同。1930年代童先生就说过："用大屋顶来复兴中国建筑，如同给死人装假辫子让他复活一样。"显然他反对用传统大屋顶形式"复兴"传统。梁先生在1950年代曾说过：无论房屋大小、层数的高低，都可以用我们传统的形式和文法来处理。梁先生在

传统建筑仿鉴设计方面曾做过很好的案例，他提出，不仅用传统的"形式"还有传统的"文法"来处理建筑，这样的理念其实是值得我们深入思考的。梁先生主持设计的扬州鉴真纪念堂，我认为是形式仿鉴方面做得非常到位的一个作品（图1）。为了完成这个设计，梁先生在1970年代曾专程赴日本考察唐招提寺大殿，又结合了他特别深入研究的五台山佛光寺东大殿的风格，最终完成了"鉴真纪念堂"。我多次特意到扬州去看这座仿唐建筑，认为它可以作为形式仿鉴的一个样板。还有很多作品，比如张锦秋先生设计的陕西省历史博物馆等，也是仿唐建筑探索的典例。

我的工作室也做过类似形式仿鉴的项目，如2005年完成的湖北木兰湖民居博物馆（图2）。它是湖北省文物局为了保存即将被毁弃的，或在三峡大坝蓄水、南水北调等大型国家工程中行将被淹没的一些很有

图1 鉴真纪念堂

（a）木兰湖民居博物馆入口

（b）湖北祠堂

图2 湖北木兰湖民居博物馆

价值的传统民居搬迁保护的一个博览园。我们承担园区规划和入口设计。甲方一定要传统风格的样式。因考察过许多湖北民居，当时又正在负责《两湖民居》的编著工作，经过斟酌，我们借鉴了湖北祠堂入口的经典形式，完成了设计。这也算是一种仿鉴的设计吧。此外，我们还做过一些佛教寺院的扩建设计。或许是与佛寺真有些缘分，我的工作室已经做过四五个寺院的规划与设计了。其中较早的如湖北鄂州的古灵泉寺，山上的老寺院，据考察始建于宋代，但破坏严重，空间狭小，寺院住持想要扩建，委托我们承担扩建规划与建筑设计。这是一次仿鉴宋代大木作殿堂的尝试。我们还做过湖北黄州一个名叫"宋村"的设计。这个村子位于苏东坡所作《赤壁赋》中的"文赤壁"的不远处，当地政府希望做一个宋代风格的村落。但宋村是什么样的？我们的创作模板来源于《清明上河图》，以这幅宋代名画作为设计的样板。这都属于所谓形式仿鉴的类型。

第二类，符号凝练。这一类型的早期案例，很容易想到张镈先生于1959年设计的民族文化宫，这是新中国十大献礼工程之一（图3）。我大约是在大二暑假到北京实习时第一次看到了这座建筑，当时，在老师的指点下，对其精到的比例尺度和立面

处理细节的印象非常深刻。的确，前辈的专业功力令人折服。那个时代，在高层建筑上部加了一些传统大屋顶的符号，能做到如此恰如其分，可以说是符号凝练的代表作了。可以对照的是，到90年代，北京建成了西客站，这显然也是"符号凝练"的作品。然而，西客站建成以后受到很多诟病，主要是说这个据称耗资8000万的在顶部凸出的巨大的"亭子"，与西客站的功能毫无关系。在20世纪90年代耗巨资建这个几乎没有任何功能的亭子，大概是在"夺回古都风貌"的口号下所作的一种的选择吧。以符号化的传统建筑样式体现与传统的关联，从而获得某种历史风貌，这是过去几十年惯常的思路，作品的水准也有高下。

符号凝练的案例很多。如辽宁闾山景区的大门，干脆就是一个空灵的大殿轮廓（图4）。这也算是一个比较有意味的作品，但是有其一即可，不应有其二。再如黄汉民先生设计的福建省图书馆以及向欣然、郭和平所设计的湖北省图书馆等也用了地方性符号来体现与传统的关联。还有诸如西藏大厦、北图新馆、亚运村场馆等，我们都能读出一些跟传统有关的符号，只是抽象繁减程度不同。比较夺目的例子是李祖原先生的中台禅寺（图5）。我们

图3 民族文化宫

图4 闾山景区大门

图5 中台禅寺

一般认为寺院应该是平铺在地面上的，李先生把它做成了立体的，而且上面加了很多与佛教相关的形式要素。这也是再现佛教传统的一种符号化的创作手法。尽管来自各方的评价多不相同，我倒认为李祖原先生是一个特别擅长运用传统符号的建筑师，其熟稔的处理符号的手法也是令人玩味的。对于李祖原的其他一些作品，比如盘古大厦、沈阳方圆大厦、陕西法门寺等，我们都让学生来作些分析，让他们提出自己的看法，有时学生的评论也很有启发。

第三类，文化隐喻。如前所述，文化隐喻也可以理解为符号凝练的抽象化，需要延伸解读。赵冰先生十多年前做了一系列从中国汉字研究出发的，带有文化隐喻的设计（图6），称之为"书道系列"，如用"龍"字做了一系列高层的房子，用"囍"做的"喜得贵子"计生办中心，用"车水马龙"的"车"字建成的高速公路服务区等。对于有些形象处理，我一直不能弄得很明白。因此，我觉得如果一种隐喻的手法让大家一头雾水，读不懂其中的关系，还是挺遗憾的。还有一个例子是河南省博物馆，据称其形象来源于古观象台，试图表达"上承天地、下接地气、黄河之水天上来"的意象。

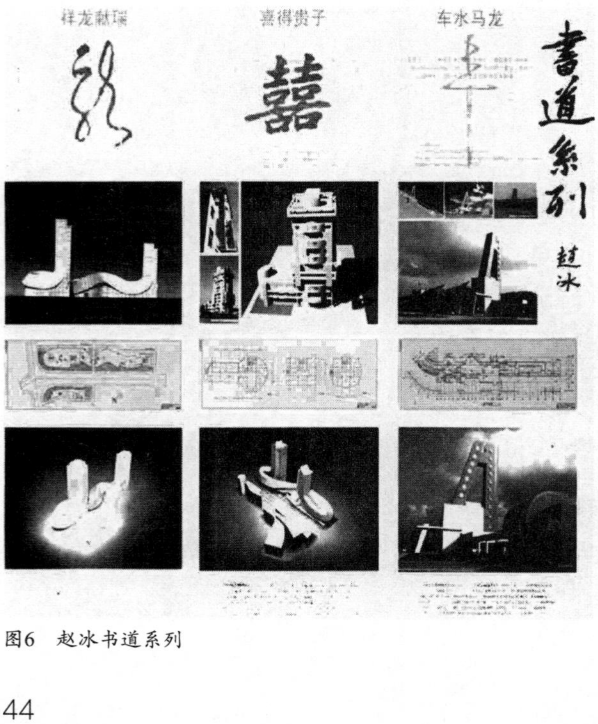

图6　赵冰书道系列

我个人认为那是一座不错的博物馆，但估计大多数人还是不太能读出其形象的寓意。以对建筑形式的特别处理隐喻某种文化特征，是建筑创作的惯常思路和手法，但隐喻与解读错位，常常令人啼笑皆非。

3　意象设计——以时代精神消化传统

我们在教学中主要探讨的是第四类——"意象设计"。希望通过对于意象的把握形成设计的理念。宏观上，对建筑历史的理解，应该包括历史知识的构架和对传统文化的阐释，即"史"和"论"两部分。我们希望通过建筑意象设计，对建筑历史和传统文化进行一种特殊的阐释。

意象，以象寓意，是一种思维方式，而且是一种具有东方特点的思维方式。它是一种理念，甚至形成了一种手法，构成了建筑师的设计思维的一部分。事实上，无论传统建筑还是现代建筑，其实都包括"材（材料）、构（组构）、筑（施工）、象（意象）、境（境界）"几个层面。我们在这里更强调"象"的层面。意象设计元素也可以归纳成多种类型，如形式意象、空间意象、场地意象、时间意象、行为意象、生态意象等。通常大家会更多地关注形式意象，如特别强调对于形式的凝练。但我们更希望其他几种意象类型在设计中呈现，如在设计中强调关注地域生态、关注历史信息、关注人群活动等。这个部分的教学中也引导学生做了一系列的案例分析，其中包括刘克成先生的贾平凹文学艺术馆、程泰宁先生的浙江美术馆、崔恺先生的西昌凉山民族文化中心等。

近几次意象设计教学中，我们特别向学生推荐了一个案例——中国台湾省东海大学校园（图7）。到过东海校园的话一定会留下深刻的印象。2008年我第一次去参观，在这个校园里徜徉很长时间，漫步于文理大道旁的一处处很"中式"的院落，走过文学院、理学院、图书馆及女生宿舍，感觉内心一直被某种东西打动。这是陈其宽先生当年在贝聿

（a）东海校园

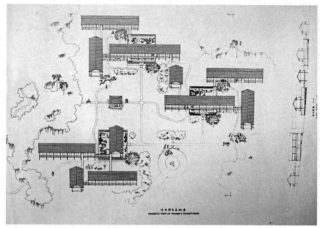

（b）东海校园建筑规划

（c）东海校园廊道

图7 台湾省东海大学校园建筑

铭的感召之下回到东海大学做的设计。陈其宽是东海大学第一任建筑系主任，1965年退休。汉宝德先生曾经对这个校园作过很有意思的评价，他说东海大学的校园建筑分为两类：第一类是前期的红土加红砖墙的建筑；第二类是后期陈其宽主导的白墙建筑。他指出，陈其宽对传统江南建筑灵动的偏好以及根植在他灵魂深处的、源自亲身生活经验的中国文化传统，都是他设计的源泉，也可以说是陈先生人文精神的物质体现。东海大学这组校园建筑，可以说是传统意象设计的最好的案例。

深圳何香凝美术馆，我喜欢它的入口的处理，透空的弧墙和掩映的竹木，让人读出了园林空间的意味。许多人应该记得毛寺生态实验小学吧，前些年获得了中国建筑传媒奖的一个重要奖项。它是香港中文大学吴恩融教授率"无止桥"团队的作品。这个乡村小学的特点可以说与自然生态意象有关，也与地方建造传统有关。其造价低廉，但是特

别能体现生态效益。遗憾的是，现在这个小学面临被废弃的窘境，因为拆乡并镇政策，孩子们将被迁到镇中心小学去上学，毛寺小学也就没有学生了。另一个案例是姚仁喜先生设计的台北农禅寺水月道场——一个特殊的佛教寺院，我们看到的不再是传统寺庙的大屋顶形式，但我们同样能读出很多传统的意味来，这是传统意象设计很好的样板。还有贝聿铭先生的苏州博物馆，主要形式意象来源于苏州园林和苏州传统民居。关于园林建筑，不能不提及冯纪忠先生的松江方塔园。方塔园是按照传统园林的格局、布局、原则设计的，但是冯先生用了很多现代设计的手段，去处理园林空间和建筑形式的问题。何陋轩，是方塔园中一个四面通透的小房子，其设计体现了传统原型与现代空间的交融。王澍先生曾评价：何陋轩是中国20世纪建筑文化仅存的硕果。我们认为，方塔园也是用现代精神消化传统的经典的意象设计案例（图8）。

（a）方塔园 （b）何陋轩

图8

图9　平遥博物馆

4　学生作业

在一系列分析之后，学生进入方案设计阶段。从选题研究开始，进行基地调查、案例比照，逐步进入意象探讨和意象表达，最终完成"传统意象设计"。我们希望通过这样一种设计训练，促进学生形成一种意象设计理念，能够从地域文化和历史传统中寻求创作源泉，形成具有内涵和个性的建筑设计，也就是"用时代的精神消化传统"。

我曾带学生到平遥古城作过调查，在古城现场找到了很多与平遥有关的意象元素，比如地面窑洞、院落空间，甚至还有传统烟囱等，回到课堂就探讨这些意象如何运用到设计中来。有个同学就在城墙根下做了一个博物馆，他希望把建筑透空，把城墙作为建筑立面的一部分，表达对城墙的一种敬畏（图9）。有一次我带一组学生去徽州考察古村落，他们回来后做了徽州建筑艺术博览园。评图的时候，有老师问其中一个设计方案与徽州传统建筑有什么关系，这个同学振振有词地回答：我就是按照传统意象设计原则来做的，方案的核心是天井，大天井套小天井，是天井组合的应用。可见，墙和天井是同学们对徽州建筑最深刻的印象，他通过一系列几何化的处理完成了一个很有意味的传统意象设计（图10）。还有一个学生做了东湖书院学术交流中心。她并没有从传统书院和湖北民居中找到灵感，但她大概特别喜欢围棋，就在围棋布局上找思路。最后她把很多围棋相关的空间围合、限定处理用到了设计中来，效果也很好（图11）。还有个学生做了随州博物馆设计。随州出土了编钟，还有很多的古乐器。这个学生用埙、磬等古乐器的形象与空间特点，组织起来形成了建筑的整体形象（图12）。

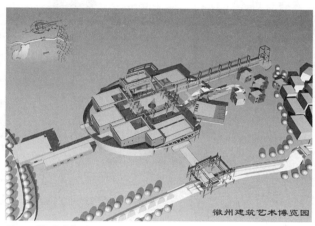

图10 徽州博览园

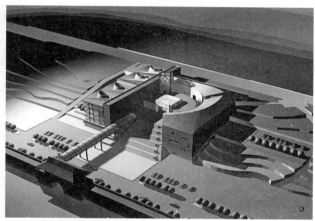

图12 编钟博物馆

图11 围·园

2015年我们的学生曾赴鄂西土家族传统村落"彭家寨"进行调查和测绘。之后在专题设计中，一位同学在分析了彭家寨吊脚楼建筑群之后，以土家社区中心为题完成了其"传统意象设计"。她在前期调查中发现，围合与半围合的院落与坪场，即"台"和"院"，是土家聚落中非常活跃的空间，此外极有特点的还有土家吊脚楼正屋两侧或一侧向前伸出来的叫做"龛子"的部分，都是当地居民多样化日常生活的场所。于是这位同学把这些特征作为意象元素运用到设计中。设计方案的亮点，是她把土家族的生活场景，在特别处理的空间中一幕一幕地表现出来。设计的主题是"台上台下、戏里戏外"，因此在不同的"台"上，组织了一系列不同的"戏目"：戏目一，用伸出来的"龛子"做一个茶社，是让土家山民和游客在一起喝茶、聊天的地方；戏目二，街边的遮蔽所，有各种各样的集市场景；戏目三，土家民间工艺品展销亭……还有戏目四、戏目五、戏目六、戏目七，都是土家人生活与交往的日常场景。在这个方案中，最值得肯定的，是她把人的活动场景，即"人文意象"，通过意象设计进行了生动的表达，作为本科生的课程设计，完成得不错（图13）。

5 结语

"传统意象设计"是当代建筑设计中关照历史文化、与传统对话的一种方式，是一种设计思维，也是一种设计方法，可以作为设计课教学的一个专题展开探讨。通过传统意象研究，可以使建筑设计过程和成果体现出一定的思考深度。当然，传统意象设计只是诸多设计思考与方法的一种。这种思路可以适当运用，但也应避免滥用。总之，因地制宜，从地域环境与传统文化中探寻设计源泉，是值得关注的思维方式。

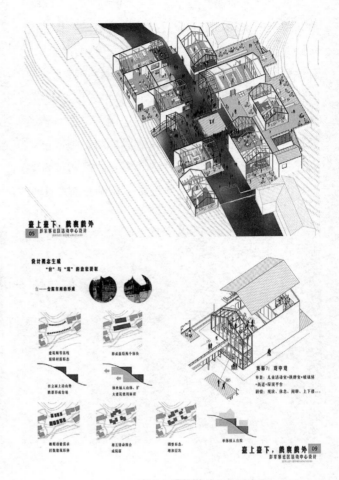

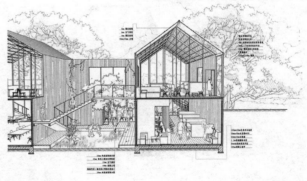

图13　彭家寨社区中心

泛江南地域乡土建筑营造的技术类型与区划探讨

李 浈

同济大学教授

感谢清华大学给我这个机会，能和大家一起分享。刚才老师们谈到，我们在研究地域建筑的时候往往会有"往前看"和"往后看"的问题。今天，"往前看"的已经有好几位讲过了，我讲点"往后看"的体会，也是我这几年的一个阶段性的成果。在去年年底的时候，我们同济大学的团队编撰出了一套国标图集《不同地域特色传统村镇住宅图集》。这套图集编撰的过程其实是非常艰难的，所以我今天向大家汇报和沟通的就是编撰过程中的一些心得。

这套图集实际上是由"十一五"国家科技支撑计划课题资助的，但是它面对的版图是全国版图。我们最早的想法就是把这种特色住宅，或者说普通的乡土民居，按照不同的类型来进行编撰。但是它的问题是什么呢？过去我们已经有了很多的民居一类的书籍。大家知道，这些书籍的内容关注的层面、视角都深深浅浅，很不相同。我希望这套图集不是纯理论性的，而是能够起到指导遗产保护的作用。拿到这套图集以后，比如针对一个具体地域里

面的乡土建筑，我们就能够按照"真实性"的营造去设计它、修复它；同时，对于未来，往后看的时候，它能够对我们产生核心内容的启发。

我们本来是想编一册，但初稿出来以后就像词典一样厚，考虑到使用上不是特别方便，而且各地民居的多寡也不太相同，最终我们把它拆解成了三册。上册涉及南方地域，包括长江流域以及岭南两个文化圈，这部分是我今天要重点讲的；少数民族居住建筑比较多的西南地区作为中册出现；北方地广人稀，建筑类型不像西南和南方这么多，我们就把黄河流域以及一些北方少数民族的几个部分一起编撰成为下册。

这样的编撰思路其实是基于我们对南方建筑的认识。今天第一位演讲的关教授讲过南方建筑，比如河姆渡遗址在我们的认识里就是南方建筑。但其实远远不是我们以前想象的，由北方建筑及中原文化影响到南方建筑，可能很多时候这是一种互相影响，甚至有时候南方建筑的技术水平远远地超过了

北方建筑。实际上，以河姆渡时期的营造技术为例，同期北方还在"玩泥巴"（指木骨泥墙技术），南方已经开始使用榫卯了。所以，在这个区块里面，我们就面临着如何选择类型的问题。

1 类型划分

过去我们的很多研究是按省份或行政区划去选择的，而这次考虑的重点是找理论，根据营造的核心去选择。民居很多时候有共性，很多时候又有差异性，它们之间是相互影响的，所以作选择的时候我们希望能够找到它的核心区域。比如说苏州民居，可以以"香山帮"为核心区，它的影响辐射到了整个太湖流域。再比如说，如果我们宏观地去看南方的这些建筑，顺着一条移民线，可以看到它们有一个很明显的过渡形态，但这种相互关联的形态过去往往被我们划分到了不同的省份。如果这样编撰可能不太利于我们去理解、挖掘真正的营造上相同的东西，所以最终我们选择了"核心区"和它的"影响区域"的方法。南方部分我们选择了大概13类民居，虽然这不是全部，但是大多数民居能在古代文化的核心点上找到它的重点地带。

基于上述思考，对于这套图集，我们主要想做以下几方面的工作：

一是我们得先把过去的东西理清楚，要放在一个更宏观的层面上，而不是盯着一个地区的时间往下去做。难也是难在这方面，因为我们个人的积累可能很难做到这么广，这就要靠我们一点一点地去调查。所以，一方面，我们希望对乡土建筑的流派和谱系有一个梳理；另外一方面，也是最核心的，我们希望这套图集突破以前根据建筑的形制、特色编撰的方式，而是以营造技艺为核心。说到底，我们希望结合建筑，从有形实体和无形文化这两个方面进行研究，这样比较容易把握乡土建筑遗产的真实性。

另外，我们希望能够通过这套图集促进我们对南方建筑整体上的认识。因为过去我们的认识比较零散，把它们放在一起以后，我们就能够对它们之间的相互关系看得比较清楚，从而提升我们对乡土建筑的整体认知、保护理念和保护技术水平。我们觉得只有这样，在做当代乡土建筑的时候才有可能进入它的实质。

2 以营造技艺为核心

当然，刚才我强调编撰这套图集之难。其实大家知道，新中国成立前已经有一些相关的研究了，像中国营造学社的一些前辈们都做过；新中国成立前期到1980年代以前，也出版了很多乡土建筑的著作；1980年代以后其实更多；而今天的成果还要多。我想大概有这四个发展阶段。包括我们清华大学的单德启老师也做过徽州地区乡土建筑国标图集。所以，今天我们去看，对乡土建筑的研究其实角度很多，有文化学、民俗学，甚至关教授讲到的语言学，也有人会从移民学、历史学、地理学的角度来研究。编撰这套图集，我们参考了这些方法，但是又不想用以前的这些方法，因为我们更多地是想从营造的本体上抓住古代意匠的核心。

我们能够真正去认识营造的途径只有两个。一是人，是过去制作这些建筑的工匠。可能我们今天有时候看不起他们，但事实上智慧就在这些传统工匠的脑子里面，向工匠学习也就是学习营造的思维。另一个就是营造的技艺，不去现场看，你不知道它的具体做法，可能你理解的建筑形制也是有问题的。我们以前最最传统的方法就是盯着建筑本身去看，特别容易从类型学的角度去研究，而我们的思路就是从人、营造的方法和营造的结果这三个方面全方位地审视传统建筑。这其实就是我们对营造的本体的认识。所以我们希望多谈点和设计营造相关的、将来能够对我们有更多帮助的东西。

这几年大家注意到，乡土建筑的研究有了一些比较新的成果。以我自己这个团队来讲，这几年也更多地关注古代营造的尺法体系。我们去测绘的时候很容易量到一些很琐碎的数据，不论是在现场看到还是回来后再分析这些数据的时候，可能很难单从这些数据里面了解到设计的规律。但是如果你有了一些预判，之后可能会比较容易抓住它的规律。

比如说今天我们测量民居用的尺子的单位一般是米和厘米，其实古代用的是营造尺。这个营造尺有什么特点呢？随着时间的推移，不同年代的工匠用的营造尺是不相同的，而最主要的是，在不同的地域，这些工匠过去都是成帮成派的，师傅教了徒弟，徒弟出师的时候用的尺子一般是由他师傅传下来的。

所以这就给了我们一种线索，在同一个地域里面，相同类型的建筑或者说有血缘关系的这些建筑，往往在尺法上有共同的表现。有趣的是，这个规律，我们也基本上找到了，所以这几年我们把南方建筑的尺系摸得差不多了。以传统尺来测量，平面上要么就是整尺，要么就是"压"当地的风水尺。各地的"压白"也不太一样，有的是压1、2、3、4、5，也有的是压1、2、6、8、9，这就是不同的地方。只要你触碰到这些东西了，它都有可能给我们启发和启示。

比如说徽州的工匠用的尺居然是27.8cm的。那么27.8cm的尺是怎么来的呢？实际上是源自于"浙尺"，也就是宋代的官尺，是由浙江东阳这一带的工匠带过来的。徽州周边的地区用的尺就不是27.8cm，而是35cm左右。所以根据"用尺制度"，再加上建筑形制、建筑手法来判断，我们可以说徽州的建筑不一定是一个完全独立的流派，它和东阳一带的建筑有直接的渊源，甚至当时请的工匠多数都是东阳的，徽州建造的建筑其实就是东阳风格的建筑。所以我们到底应该怎么去界定徽式建筑？是不是应该把它和浙西建筑界定为一类？其实这是可能的。

了解这些东西对我们的判定非常有用。再比如屋面的分水，我们的教材上多数都会说有折水，但事实上民居屋面直水很多，而且直水还占了大多数。不同的地域，直水的方法也不同，比如说四五举、五举等。再比如天井院落的大小，大家知道徽州的院子开间方向是长的，进深方向是窄的，但是浙江就不是这样子的。这里面的比例关系也有相应的规律。

总的来讲，我们提出以传统营造学为核心进行研究。"营造"这个词是我们中国的，"建筑"这个词反而是外来词。所以我们希望将乡土建筑的类型特征和体系特征最终分解成具体的一些研究的内容，包括举折、尺度、尺法、压白、尺制、工匠的营造手法（我们把它叫做手风），再加上以往我们用得比较多的类型学方法，包括数据统计法。最终的目的是弄清楚这种体系，结合乡土特征搞清楚手法、规律、原理，才能真正对我们将来的设计有实质性的作用。

3 调研与数据

这次的分类，我们结合了以往的一些方法，但是我们希望它有地域的代表性，同时又有全面性，要在全国范围内有一些系统性，同时是为设计和保护工作服务的，所以要接地气。

这次主要涉及在以往的一些资料的基础上进行提升的问题，提升的内容之一是技术信息，技术信息就是一种设计技术，或者说是一种营造技术。第二个就是我刚才强调的遗产的完整度，从无形的遗产领域加深了对乡土建筑本身的完整认知，同时抛弃一些描述性的内容，寻找理论上的提升，最终希望我们看的角度更宏观一点。当你跳得更远的时候，再去看细微的东西，更容易找到它们之间的关系。

这是我们编撰这套图集时的一个基本的调查路线，因为要用CAD的实测图纸，所以有大量的工作等着我们去做（图1）。以往我们可能在某个地域工作得比较多一点，很难在全国范围内实现，所以我们也增加了一些外来的力量。这套图集的编撰工作，除了我们同济大学之外，还邀请了兄弟院校一起完成，基本上能够做到资料准确，CAD图纸实测，系统框架全面，紧密结合实际。这几年同济大学实习的学生比较多，每年大概有150多位学生在全国各地进行实测，这正是我们这套图集（上册）侧重的地方。这几年我们的触角以上海为中心延伸到更多地方（图2）。调查的过程中我们布置了一些任

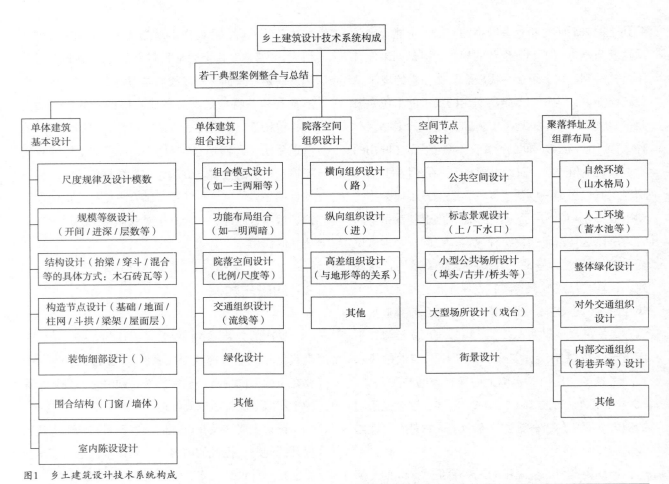

图1　乡土建筑设计技术系统构成

乡土建筑设计技术系统构成

若干典型案例整合与总结

单体建筑基本设计	单体建筑组合设计	院落空间组织设计	空间节点设计	聚落择址及组群布局
尺度规律及设计模数	组合模式设计（如一主两厢等）	横向组织设计（路）	公共空间设计	自然环境（山水格局）
规模等级设计（开间/进深/层数等）	功能布局组合（如一明两暗）	纵向组织设计（进）	标志景观设计（上/下水口）	人工环境（蓄水池等）
结构设计（抬梁/穿斗/混合等的具体方式：木石砖瓦等）	院落空间设计（比例/尺度等）	高差组织设计（与地形等的关系）	小型公共场所设计（埠头/古井/桥头等）	整体绿化设计
构造节点设计（基础/地面/柱网/斗拱/梁架/屋面层）	交通组织设计（流线等）	其他	大型场所设计（戏台）	对外交通组织设计
装饰细部设计（　）	绿化设计		街景设计	内部交通组织（街巷弄等）设计
围合结构（门窗/墙体）	其他			其他
室内陈设设计				

图2　测绘布点

务，就是向工匠虚心地学习，因为他们的脑子里面有营造的智慧，他们的老祖宗也是我们的老祖宗，就是鲁班。

第二项是我们建立的系统的资料库，一方面包括刚才我向大家介绍的尺系的问题，另一方面也包括调查所得的测绘资料、照片等的归档方法，这方

访谈提纲表

采访时间：_____　采访地点：_____

姓名		工种		职务	
年龄		工龄		籍贯	
文化程度		师从关系		联系方式	
从业经历					
特色称谓	宋式称谓	明清称谓	地方称谓	标示符号	样式草图
问题概要					
营造角色	风水布局	相地定位	风水堪舆	屋主择匠	房屋使用
营造尺制	风水尺制	使用方法	尺法沿袭		
风水禁忌	布置朝向	山水格局	风水师与匠师	风水尺使用	
营造仪式	时间选择	营造口诀	主持人	仪式过程	
地盘规则	开间尺度	进深尺度	各间关系	规模确定方法	
测样规则	步架基数	尺度确定方法	高度确定方式	柱头交接	室内外关系
屋水规则	举架方法	适用范畴	群组关系	特殊建筑屋水	出檐距高
	出檐方法	翼角形式	铺椽形式		
尺度规则	尺度讲究	确定方法			
构造样式	榫卯样式	连接方式	蒇尺使用		
斗拱做法					
梁枋做法	梁高	梁厚	梁跨	样式	组合形式
月梁做法	形式确定方法				
柱	柱径	柱高	柱位	柱间关系	主墙关系
	围径	柱径变化	防潮处理		
平座式样	平座位置				
楼板做法	楼板高度	楼板梁	布局		
墙体做法	厚度	砖尺寸	砌筑方式	马头墙	各形山墙
屋面做法	瓦作	防水	望板望砖	椽子	与结构
装饰做法	装饰位置	装饰主题	装饰方法		
门窗做法	开门位置	门窗尺寸	比例关系	花格样式	门窗关系
基础做法					
天花做法					
屋顶做法	屋脊装饰	装饰寓意	天沟		
房屋基本功能	各房间称谓	各房间功能	屋主使用方式		
营造工具	工具实物	工具使用	工具制作		
材料选用	不同位置	不同材料			

图3　访谈提纲表

面的工作很重要。在田野调查中，我们有调查和访谈的基本纲要，侧重于传统营造的内容。比如"地盘"是我们所说的平面图，说平面图工匠是不懂的，就叫"地盘"；"侧样"是我们所说的剖面，还有"正样"、"细样"等；另外还涉及不同的工种，比如说木作、石作、砖瓦作等。

图3是现场调查回来以后及时整理出的调查表，然后把调查的内容整理成册。这六七年来我们作了数次大规模的调查，其中一次就是在浙江、江西和福建。

把这些地方串起来以后，你会发现非常有意思。还有湖南—湖北、四川—贵州、广州—福建、岭南沿海一带等多条调查线路。

总的来讲，我们根据广义的文化范畴，最终把这些乡土建筑分成了几个圈：北方游牧文化圈、西北伊斯兰教影响下的文化圈、西南的藏滇佛教文化圈、岭南文化圈、黄河中下游中原文化圈以及长江中下游的文化圈。这样覆盖就相对比较全面了。在这个基础上形成了三册。

4　总体框架

最终我们筛选出了不同的圈里面有代表性的、相近的归并为一种类型，形成初步的区划。总的思路是从营造的主体出发，通过主体来认识客体。主体就是工匠，谁造这个建筑谁肯定最清楚，不用说，大家都明白这个道理。但是你不去找工匠，光看这个建筑，可能看一辈子也看不懂。行动上，主要采用文化人类学、传播学等的调查方法。内容上，主要关注了传统营造的匠意和匠技两部分，关心设计思想、经验、理论，同时关注具体的营造技能、方法、程序、习惯等细节。最终把人和他的法、他的物结合起来，编撰成这套图集。

图4所示就是我们的基本框架：匠意、匠技、手风、匠派。手风就是工匠营造技艺的具体特色。比如加工，同样是砍一块木头，可能手法就不一样。在不同地域是存在规律的，这种规律有助于我

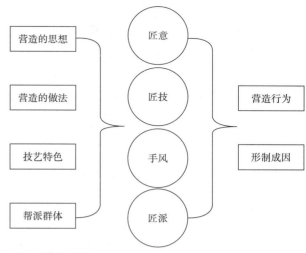
图4　图集基本框架

们认知乡土建筑的谱系和派别。根据这些营造行为及其形成的制约因素综合地考量，就容易把握传统的精髓。这就是我们这套图集编撰的逻辑，我们要回到让一般的设计人员明白的目的，由微观到宏观，从单体建筑的基本设计、组合设计、空间节点到具体村落的布局和营造的秩序。

图集的内容包括每个核心区域中的重点建筑，单体建筑的组织模式以及它最核心的内容（图5）。比如说福建建筑有宝壁柱，我们也对它作了重点阐述。然后再用实测的案例支撑前面所阐述的设计逻辑，比如正贴、边贴的方式，构筑的变化，梁架的变化……细节上包括苏式建筑中"四六式"、"五七式"的斗栱以及檐口，完全和传统的营造对接。大家注意，我们标的是当地的尺，这样你就特别容易知道它到底是怎么做。

我们调查完后做了一个图录，这有利于我们理解乡土建筑，它和官式建筑有自身的源和流的关系。基本上在我们目前的数据库中，南方的尺系已经建立得比较全面了。27.18cm的浙尺尺度影响到了浙东和浙西两个地区；福建和广州用的尺基本上是延续的唐尺，大概29.6～30cm。尺系其实只是一个方面，通过尺系、匠派、具体的技艺手法，我们最终形成了这套图集。

因为时间的关系，我大概就介绍到这里，谢谢！

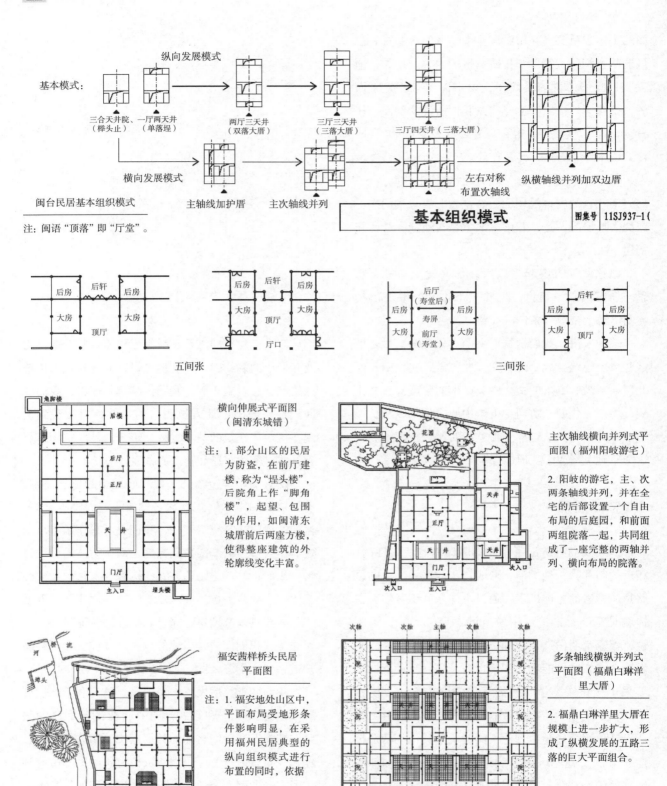

图5 图集内容示意

参考文献

[1]　李浈. 营造意为贵, 匠艺能者师——泛江南地域乡土建筑营造技艺整体性研究的意义、思路与方法[J]. 建筑学报, 2016, 2: 78-83.

[2]　李浈, 刘成, 雷冬霞. 乡土建筑保护中的"真实性"与"低技术"探讨[J]. 中国名城, 2015, 10: 90-96.

[3]　李浈, 雷冬霞, 刘成. 关于泛江南地域乡土建筑营造的技术类型与区划探讨——《不同地域特色传统村镇住宅图集》(上) 编后记[J]. 南方建筑, 2015, 1: 36-42.

[4]　李浈. 官尺·营造尺·乡尺——古代建筑实践中用尺制度再探[J]. 建筑师, 2014, 171: 88-95.

[5]　李浈. 官尺·营造尺·鲁班尺——古代建筑实践中用尺制度初探, 建筑史, 2009 (24): 15-22.

[6]　常青. 从风土观看地方传统在城乡改造中的延承——风土建筑谱系研究纲领//常青. 历史建筑保护工程学——同济城乡建筑遗产学科领域研究与教育探索. 上海: 同济大学出版社, 2014: 102-110.

[7]　李浈. 不同地域特色传统村镇住宅图集 (上). 北京: 中国计划出版社, 2014.

[8]　杨毅, 李浈. 不同地域特色传统村镇住宅图集 (中). 北京: 中国计划出版社, 2014.

[9]　塞尔江, 王金平, 朴玉顺, 李浈. 不同地域特色传统村镇住宅图集 (下). 北京: 中国计划出版社, 2016.

求异向求同：地区建筑脉络

范霄鹏

北京建筑大学建筑与城市规划学院教授

1 地区建筑的取向

地区建筑，作为某一地区的物质空间建造，与该地区的自然环境有着紧密的关联，更与所在地区既有的文化脉络有着紧密的对应。无论地区建筑的研究是探索新的建筑文化还是发展地区建筑学，其发展目标都是指向该地区未来的建造。虽然是指向具有地区属性的未来建造，但它不可避免地包括两部分，即源流和趋向，这两个部分叠加在一起就形成了地区建筑的脉络。因此，地区建筑的价值取向是立足于延续所在区域的历史脉络、应对当代需求和指向未来建设。

每个地区，无论是地理区域还是文化区域或民族地区，在地区建筑上都有一个发展的历史脉络，单就既有建筑的形态现象而言，就存在在既有建筑原型的基础上，形态变化极其丰富多样的状况。这种"原型纯粹、形变多样"的状况在各个地区的调查中均可见到，而究其引发形变的因素，则来源于多个方面，不仅有直接建造层面的影响，更有来自

于自然和人文方面多层次、多类型的影响因素。众多因素对地区的建造形成或强或弱、或直接或间接的影响，各要素汇集所形成的影响脉络如同拧起来的"一股绳"，共同作用于所在地区的建造，但拆分开来后又有很多分枝，各分枝又有其各自发展而来的脉络。从地区自然环境和人文环境所构成的要素归类上划分，有资源生境、社会文化、宗教信仰、民俗演化、建成环境、转换逻辑等脉络，各要素脉络对地区建造的作用纷繁复杂。

在多个影响地区建筑发展的脉络中，最为显见且直接的脉络是所在地区物质空间的既有建造，这些留存下来的空间资源或空间形象，构成了地区的建成环境和建造源流，也是当代及未来建设需要予以关照和呼应的脉络。

2 地区建筑的脉络

民居建筑和乡土聚落作为各地的建成环境，其

建造直接对应于地区环境和气候条件，对应于人群的生活方式和社会组织结构，构成了所在地区物质空间建成环境的基调，也构成了地区建筑的基础以及直接影响其发展的脉络。民居建筑与乡土聚落在分布上量大面广，将所在地区的建构逻辑和规则直接体现在其物质空间上，如平原地区中农耕社会存留下来的传统乡土聚落，往往每隔3～4km的距离就会出

现一个，而山区中乡土聚落之间的距离大概为5km左右，这直接反映出了自然资源对于人群生活方式的影响以及人群聚居格局对于聚落分布逻辑的影响。

各地乡土聚落的调查，可以直观地反映出：在乡土聚落的形态上，存有聚居人群的规模与基地环境之间的关联规则，如山区平坝上的村落形态；在乡土聚落的空间结构上，存有聚居人群社会组织结

图1　类型明确+形态丰富的甲居藏寨

图2　对应于地区资源禀赋的建造

图3　对应于地形环境条件的建造

图4　平原地区聚落空间分布

图5　交通孔道影响村落空间结构

图6　西南山地民居建筑形态

构与基地条件之间的叠加规则，如交通孔道边的村落生长结构。各地传统民居建筑的调查，则可以更加清晰地反映出：在民居建筑的空间上，存有家庭生活结构与建筑形制之间的对应建构，如合院式民居建筑的形态；在民居建筑的建造方式上，存有地区建造材料与建造技术之间的独特规则，如石砌民居建筑的地区性技术。这些乡土聚落和传统民居建筑上体现出来的建构规则，构成了地区的建成环境，构成了地区建筑的显在"源流"。

当然，建成环境不仅仅是看得见、摸得着的物质空间，其背后还包含有生活习惯、风俗民情和价值认同等众多具有地区属性或民族属性的文化，这些均构成了地区建筑发展的脉络中相对稳定的部分。随着社会经济的转型发展，物质空间的建造在功能需求→建筑形制→建造方式→材料技术等方面均发生了很大的改变，而地区的建成环境仅能反映出建造逻辑和建构规则的"源流"，地区建筑的未来发展则既要从建成环境的"源流"更新而来，又要从社会经济发展中指向"未来"。

3 建成环境的求异研究

对我国各地区传统民居和乡土聚落的研究，已经历了长期、深入和细致的工作，在各地区民居建筑的类型及其建成环境特征等诸多方面已有了深厚的积累。这些研究工作详细地梳理了民居建筑和乡土聚落的差别，各方面的差别有很多，如结构类型上的、规模尺度上的、形式形态上的、围护材料上的、装饰符号上的、建造技术上的等，且不一一赘述。这就形成了指向对象的"求异"研究，研究通常会专注于建筑或聚落的类型是什么以及衍生出的亚型和具体形态等。在这样的研究追寻过程中会发现，每当想要总结出一种类型的时候，总会有类型之外的"例外"出现，由此使得求异的关注始终贯穿于研究的深入过程。

我国地域广阔、民族众多，各地区的民居建筑和乡土聚落的样式和类型非常丰富，为了清晰地界定建成环境的类型分异，通常是将类型与地区或民族建立起对应关联。如以山脉、流域等要素来界定地理区域，将建成环境的空间类型对位其中；以不同民族聚居的分布来划分地理区域，将具有民族特征的聚落和民居建造类型或样式与之相对应；以方言来划定文化的区域范围，将传统匠作对空间建造类型的传播与之相对应。凡此种种的研究均使得对地区建成环境特征分异的研究愈加细化。由此形成了丰富的研究成果，如"中国民居建筑丛书"、"中国传统民居类型全集"以及各地区的传统民居建筑和乡土聚落研究书籍，大量的研究成果详细梳理了

图7 新疆干旱地区生土民居建造

图8 藏区信仰推动下的民居建造

各地建成环境的建造成因和建造特征，为地区建筑的研究建立起了基础，同时也使得各种建造之间的差异愈加凸显。这一点如同对器物建造在历史发展上的断代研究和延续研究，各断代时期的特征研究并不与延续研究相冲突，而是为延续研究提供了支撑基础，两者只存在关注方向上的差别。

当今，在各地传统民居和乡土聚落所构成的建成环境研究上，逐渐由"描述性"和"分析性"向"规律性"的取向进行深化，并体现出了研究从"求异"向"求同"的转型，其研究的关注点落在了建成环境中主体类型提取和地区建筑脉络的延续发展上。这也是在对各地建成环境进行深入的求异研究，当代各地区城市建设追求地区文化和地区特色的背景下，必然产生的研究取向，即基于建成环境的对象性研究转向面向地区建设的规律性研究。

4 建构规则的求同研究

造就地区建成环境的要素多种多样，既有自然环境类的要素，也有人文环境类的要素，各要素在物质空间的地区建构规则的形成过程中占有不同的影响权重。基于这样的考虑，在开展地区建构规则的规律性求同研究中，宜先界定地区的空间范围，以免研究的内容过于宽泛和庞杂；宜选择普遍且具有强烈的地区属性的对象，以避免以特殊对象的建构方法代替地区通行的建构规则。团队在建构规则的求同研究中，以西藏自治区日喀则市萨迦地区的传统民居建筑和乡土聚落为对象，通过对乡土聚落的结构分析、对民居建构要素的量化提取，研究建成环境中的建构逻辑和色彩构成与地区宗教信仰之间的对应意义，并进一步研究萨迦地区物质空间建构规则的脉络构成。

在萨迦地区的聚落空间结构方面，萨迦派创始人因仲曲河谷北部灰色山体上露出的大片白色"瑞象"而定地址建萨迦寺院（北寺），即以白色山岩为倚靠建造寺院建筑群和白塔构筑群，并随着家族和信众的聚集、萨迦三院的传播，逐渐由寺院建造扩大到聚居院落和民居的建设，形成了以山体为构成中心、以寺院为组织中心的聚落建造脉络，并在萨迦北寺持续扩建的过程中为历代法王所秉承，形成了神殿和佛塔等组成的"古绒"建筑群。萨迦地区的以宗教信仰引领物质空间建造的规则：乡土聚落以"瑞象"山岩为整体的建构中心，以南北寺院为街区的组织中心，以宗教象征为民居建筑的形态表现，由此架构起了地区宗教信仰的发生和传播、自然环境的因借、人文环境的演进、人群的集聚发展、寺院建筑的发展、民居建筑的建造等多个方面之间的紧密关联。

在萨迦地区的民居色彩构成方面，由于萨迦派以"时轮金刚法"、"金刚持法"为其基本教义，金刚手菩萨在其宗教信仰中占据着极其重要的地位，其象征由修行场所的建造延伸至日常生活空间的建造。萨迦民居以白、红和深青三色涂抹墙面，其中白、红两色在墙体上呈现出纵向条状的色带，而象征金刚手菩萨的深青色占有极大的墙面面积，凸显了金刚手菩萨在信教民众中的地位，也强化了萨迦地区的宗教环境气氛。与西藏其他地区相较，萨迦地区的宗教信仰象征，尤其是色彩的运用，在乡土聚落和民居建筑中占有很大的比重，由此也显示了其地区建造在形态上的独特脉络。据此，团队在研究时尝试用量化的方式提取每种色彩的数值、每种颜色所占的墙体面积和规模比，尤其是代表萨迦地区宗教信仰的深青色的相关数值，在获得色彩基础数值的同时，通过采集不同地区民居建筑的色彩占比、上下层窗墙比等，与萨迦地区的民居建筑进行对比，以获得建成环境的色彩构成规则。

通过以上分析和研究，发展萨迦地区的建构脉络和萨迦派宗教信仰的独特表达方式，使得萨迦地区乡土聚落和民居建筑的建设，在应对当地自然环境和生产生活方式的基础上，建立起了一套由宗教信仰引领的地区建构规则，并由此形成了后世建造所遵守并延续的建造脉络。这套由宗教信仰引领的建构规则，既源于地区的人文环境，又通过物质空间载体的建设而强化了人文环境的特征。在萨迦派宗教信仰的建构规则的引领下，乡土聚落的结构、民居建筑的色彩和形态，均体现出了物质空间的建

图9 萨迦北寺民居围绕白色山体建造

图10 萨迦民居建筑围绕寺院建造

文殊菩萨

观音菩萨

金刚手菩萨

图11 萨迦地区民居墙面色彩象征

造与人群精神生活之间的紧密对应，形成了精神世界在现实建造中的投影规则。

当然也应该看到，单一地区或单一样本的量化数据提取研究，并不能完全说明地区建构规则的规律性，也不具有太大的普遍价值，仅仅是一种对于地区建构规律求同研究的尝试而已。对于物质空间建成环境的量化数据的提取，也仅仅是一种研究手段，其对于地区建构规则的价值将会随着各地区覆盖面的提升而逐渐显现，也会随着研究的深入而逐渐明晰各种要素对建构规则的影响价值占比及其作用机理与规律。

5 结论

求同研究是在求异研究的基础上的转型，即由细化的对象研究指向规律的研究，这需要在全面掌握地区物质空间建成环境的基础上，方能梳理出建成环境的建构规则。乡土聚落和传统民居建筑构成了地区建成环境的基调，对其开展建构规则的梳理研究，所获得的研究成果是指向"既有"的，尚不足以获得地区建筑脉络的延续路径，尚有大量的研究工作需要去做。

前面文中所提的萨迦地区乡土聚落和民居建筑研究，仅是针对建成环境特征极其明显的地区的建成环境的空间结构和色彩构成进行提取，提取方法具有特殊性，不具有普遍性，而不同的地区还有更多的要素可以被提取、更多的方法可以被采取。如根据不同地区提取什么对象、什么尺度等；根据不同对象怎样提取、怎样定量等。根据从建成环境中提取出的对象以及量化数据是否可以梳理出地区建构规则？各种影响建成环境的要素在建构规则中是否有权重的区分？这些权重是相等的还是有高低差的，或是有等级关系的？仍需要未来进一步去研究。

求同研究中的"将有"是指向未来建设的，将地区建成环境中的建构规则提取出来，目的在于作出针对现代和指向未来的转化，在建造规则、功能结构、建造材料和生产方式等各个方面都需要作相对应的转化。从地区建成环境中提取数据的转化程度、转化尺度等，则需要根据地区建筑脉络的发展取向予以甄别、判断。从地区文化发展的角度而言，地区建筑在设计和建造上到底应该被谁引领？设计与建造宜由地区建筑引领；点状建造宜由地区建筑的面状建造来引领，由既有建构规则发展而来的建构脉络所引领。

台湾省乡村环境的策略与实践

毕光建

淡江大学建筑系副教授
武汉大学城市设计学院访问教授

我要特别谢谢大会给我这个机会,在地区建筑研讨会上分享我对台湾省的了解以及我个人在这方面做的一些工作。我们就直接进入议题。

为什么研究乡村问题?综观我们现在面临的重大问题:极端气候、能源匮乏、粮食依存,乃至于大自然逐渐萎缩等,大约都跟国家或者是区域性的竞争力和新实力有关系。如果我们仔细思考这些问题,它的答案似乎都指向乡村。我研究都市议题多年,理解到城市已经累积太多问题,负债太多,许多问题已经无力自主解决。因此,我意识到,要解决无论城里或城外的问题,回到乡村可能是一个机会的开始。

1 丘块碎化与农地流失

台湾省目前面对的诸多乡村问题中,最主要的是"农地流失"和"丘块碎化"。如果各位到台湾省,飞机在桃园机场降落,降落前您看到的景色大概是台湾省的标准乡村地景:农地中散置无数的建筑物,破碎而游离(图1)。这是北台湾省的状况,台湾省的中部、南部是粮食的主要生产区,如果您搭上高铁南行,状况并没有太多的改善,同样地,绿色农地碎化在人工地景中(图2)。造成台湾省的土地碎化和农地流失的主要原因,归纳下来大概是这三件事情:第一是工业,第二是房地产,第三是观光业。

从航拍图中,各位可以看到这条瘦瘦长长的农地大约是1m×140m,我们叫做一分地。一分地的10倍就是10000m²,就是1hm²。一分地是我们的土地单位。1980年代,台湾省的制造业崛起,我们的农地便一分地一分地地慢慢流失。照片里小型的、中型的、大型的铁皮屋,大概都是工厂(图3)。所以台湾省的农村地景看起来是这样的,非常特别,是和工业设施混杂在一起的。

这是云林县虎尾镇外的航拍图,我们在这张空照图上把这些铁皮工厂一一找出,并标以红点,其

图1

图2

图3

▪ FACTORY 工厂
▫ NEW DEVELOPMENT DISTRICT 新开发区
▨ ROAD 道路

a. Threats/ Weakness: industry, Real estate, Tourism
威胁／弱势：工业、房地产业、旅游业

图4

密密麻麻的状况，令人震惊（图4）。究其原因，台湾省的乡村道路非常发达，道路开到哪里，工厂就开到哪里。而今，生产线逐条外移、消失，闲置的工厂接近半数，因此，这是台湾省乡村非常严重的一个问题。

第二个问题是土地开发。乡村的土地低廉，法规松散，行政效率不佳，台湾省的乡村与都市距离较近，成为开发商的温床，因此农地上收集了许多质量极差的住宅建筑。村镇周边，超低密度开发，公共设施缺席，宅舍无限蔓生，长期快速发展，反而形成了当代农村的主体。

乡村的第三个问题则是产业的问题，观光休闲产业取代农业。台湾省登记认证农民身份的农民，平均年龄超过70岁，年轻人进入城市，产业无人后继，空心村的问题与大陆及国际状况无异。因此，在政府主导之下，观光产业堂皇进入乡村，其开发方式与乡村的土地环境、社会民情以及财务实力等都脱节，因此无法永续长远，当公共部门的资源、财源后续不济之际，观光产业则相继消失，昙花一现之后，留下了创伤后的残破土地与自然。

2 观光产业带来新问题

普罗旺斯是法国南部有名的度假区。每当我们走进这些村镇，看到非常迷人的景致：人群、音乐、古董、艺术、植栽、古迹等，环境好得不得了（图5）。但是如果各位现在（秋末冬初）去普罗旺斯的这些乡镇，大概什么都看不到，特别是看不到人，基本上是个垂死之城。简单地讲，它们是观光城，它们不是真实的城市、生活的城市、有生命的城市。

日本西海岸的新潟县是日本的稻米之乡。他们也面对农地流失、人口流失、产业流失的命运。2000年，他们举办了第一届"越后妻有"大地艺术三年祭，希望把城里的年轻人带回乡村（图6）。十几年下来，真正成功的事情并不是农业，而是大

图5

图6

地艺术祭。每三年，全球各地的观光客与知名艺术家在此齐聚一堂，风华绮丽。然而，残酷的事实是城里人并没有因此回到农村，对产业衰颓的现实未见动容。吊诡的事是这种结合农业的观光模式，反而在各国的乡村竞相模仿，推波传颂，神话呓语也因此如影随形。

3 农政架构

"越后妻有"现象对台湾省影响甚大。乡村里不再种地，拜赐政府大量资源的投入，顶着"文化"创意的纸冠，搞观光，搞活动。因此，今天的问题更加明朗：乡村未来的出路在哪里？面对真实的问题，我粗略地把架构性的思维条列于此：上位的政策、中位的策略与规划、下位的应用与执行。

上位政策面对的问题有：国土管理、能源管理、法令更新、新农业和新移民。以新移民为例，

在台湾省中南部，新移民的家庭已经超过25%，也就是说由外籍新娘组织的家庭已超过四分之一。中位策略与规划面对的问题，包括：城乡结盟、乡镇规划、基础设施、产业集散（物流配销与周边产业）、高龄照护、退休农活、观光休闲（乡愁经济）等。下位应用与执行面对的问题，包括：伙伴结盟、小区营造、艺术下乡等。目前，台湾省只关注观光休闲、小区营造与艺术下乡。从经费使用状况来看，基本上上位与中位的关注几乎是空的，因此，我们可以了解到问题的严重性。

4 乡村策略场（RSF）

我是建筑师出身，从美国回到台湾省，从业界回到学校，从建筑涉入规划，从都市进入乡村。虽然过程比较曲折，但终究是由复杂走向简单。我们的工作室成立于2012年，叫做"乡村策略场"（RSF, Rural Strategy Field）。我们设定了五项基本价值：①土地逻辑；②紧凑与复育；③架构取代建筑（Infrastructure vs. Architecture）；④商业模式；⑤时间轴。分别叙述如下：

在规划设计过程中，面对重大决定时，我们以"土地逻辑"为依归。例如我们避开全开发式的农业生产，选择兼容农耕与自然地景的非开发式土地使用方式，基本上是用农耕与自然共同的土地逻辑来思考。

面对人居，我们采取"紧凑和复育"的方式。因为机动车道路的发达，台湾省的乡村铺散得非常广。所以我们的目的不是新建，而是如何让这些乡村收缩，趋于紧凑，如何让一些零散的人居消失，在提高乡村密度的过程中，复育周边的农耕与自然。图7所示是一个乡村蜕变提案的简图，从散居到集居，到小区化，到粮食自给，到多额外销，先形成乡村与土地小尺度的互依关系，从而扩大到综合的、完整的多元互依关系（图7）。

"架构取代建筑"是从抽象的组织架构（infrastructure）来想象未来。无论是建筑物本身还

Strategy 策略

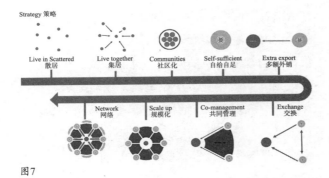

图7

图8

上，当我们抽离当下的困境，通常关键的问题和概念性的答案便逐渐浮现。乡村的改变应该顺应土地的脉动，它的步调不需要快，也不可能快。当我们不是很确定该怎样改造时，我们宁可不动，也不妄动。

5　复育土地人居依存关系

在五项基本价值之下，我们设定明确的任务（mission）：复育土地与人居的依存关系（Restore the partnership of land and human settlement）以及新农业（new agriculture）。这两件事情就是我们的焦点，同时并行。我们的每一个规划方案，都以"复育"与"新农业"为最终的任务导向。

在复育的部分，我们有这几个基本原则：①我们不作任何"处女地"的开发。处女地就是尚未有人工建设的土地，包括农业使用的土地，基本上我们不置放任何人工设施。②紧凑（compact）村镇。我们会想办法缩小村镇范围，提高村镇人口密度。③友善土地使用，提升使用等级。假若现在的土地使用是工业厂房，我们想办法把它转变成商业使用；假若它现在作商业使用，我们想办法将它置换提升成住宅使用，如果它现在是农地上的零散人居，我们想办法让人居消失；如果它现在是废耕或者弃耕的农地，我们想办法让它恢复自然，我们重新依循土地的逻辑来转换与升级土地的使用。④最后就是永续的实践，首要满足的是财务的永续，接下来是社会的永续和环境的永续。

有一次我在德国看到他们的村镇非常精致漂亮（图9），村镇周边则绵延不休着自然林地或农地（图10），与台湾省的农村地景相去甚远。经过了解，德国的土地使用管理非常严格，低密度开发需要特殊审查与核准程序，没有特殊原因，新建单栋建筑几乎不可能，德国对低密度开发的态度非常保守而谨慎，国家因此拥有广袤的自然林区。回来看看这些古色古香的村镇，他们有趣的地方是村镇的居民多半不是务农，也不是观光客，大部分是在城

是一个小村庄、小镇的规划，我们都由组织架构下手。台湾省中部的西螺古镇外面，有一处台湾省最大的果菜配销中心，因为占地极广，我们的扩建方案是先铺设一个庞大的生态基础架构，然后再匹配置宜，收纳物流的、集散的、农业周边的、设施农业等的系统和设施在这片生态架构上（图8）。

实务上，政府的规划方案均以设计模型（D model, Design model）为主体，因此常有未尽之功。我们优先从"商业模式"（B model, Business model）下手，前提是财务永续（financial sustainability），在分期分段的策略下，乡村的改善才有可能持续发生，它通常是我们最能说服服务对象的语言。今天台湾省乡下的小区营造、观光休闲、艺术活动等，大部分都在政府的资源抽走后断炊，晚宴过后，乡村的萧条衰败依然故我。

在台湾省，选举是件大事，每四年一次"大地震"，所以我们的政策基本上是没有连续性的。大家都在赶着求绩效，长远的事情没有人想，想的都是立竿见影、迫在眉睫的事情。因此，我们反其道而行，将思考放在10年，甚或更长的"时间轴"

Barden Barden, Germany
巴登,巴登,德国

图9

Karshuir, Germany

图10

里工作的白领阶层。换句话说,地方政府投入很多的钱在大众运输上,将这些古老的乡村用郊区铁道（suburban train）连接起来,并且完成配套设施。所以这些人能够在大约一个小时的时间内,从他的农村住宅到他的工作地点。居民是收入较高的中产阶级,因此乡村的基础设施与环境质量极佳。对台湾省来讲,这是一个非常有启发性的模式。台湾省是一个南北纵向的海岛,中央山脉将海岛隔成东西两翼狭长的平原。东部开发较少,主要的工商集中在较宽的西部走廊上,西部平原从山脚到海岸线的宽度不超过70km,也就是说,因为台湾省先天的地理条件,它的城乡关系应该是无比紧密的。因此我们就在思考,有什么机会可以让这些城里的人住在乡下?他们不仅拥有城里的工作,也同时拥有田园生活。要实现这个想象,先决条件是工作与住家之间的交通时间必须在1个小时左右。

6 新农业与新农村

我们再看"新农业"是怎么回事,对台湾省的农业未来影响如何。新农业在大陆发展地非常快速,它帮忙解决迫在眉睫的粮食问题,它实质地赋予"新农村"的面貌。我这边借鉴Rem Koolhaas的一些想法来说明这件事情①。地球上大概有98%的土地都是非都市的土地。但是农村的变化速度远超过城市的变化,这是我们需要理解的事实。无论你去世界上哪一个农村,它都和瑞士的农村一样,它目前的农村面积可能是早年的

三倍、四倍、五倍甚至更大,这就是所谓的"农蔓生"（rural sprawl）。如果你仔细检视这些蔓生区域的内容,你会发现它和城市的内容差异不大。农村居民从事各行各业,农村里拥有多元的工业与商业形式,农业耕种与周边产业都在逐渐机械化,村民的组成包括大量的外籍劳工,数字化、智能化的管理控制逐渐上路,以创造更多更优的农产品。这些现象在台湾省都已经发生,例如台湾省的农村居民中,农民人口不到20%,其他的都是非农民。农地的工作只是农民的兼职工作,农民需要依靠其他的生活技能和工作才能够维生。

为什么乡村的变化既快速又全面?究其原因,事实上,乡村的土地管理非常松散,它的资金门槛非常低,在城市里面需要10年才做到的事情,在乡村可能只需要3年,所以乡村的变化速度远超过城市。Rem Koolhaas认为目前的乡村像一剂合成的毒药（toxic mix）,它混合了这些因素:基因实验、科技应用、工业乡愁,在城市里面已经被淘汰的工业在乡村里面继续发生,因为还有需要,特别是那些民生工业,因为它的成本非常低。还有季节性的短期移民、土地买卖、政府的丰厚补助（农地补助、农业补助）、暂时的居民（观光旅游的人）、赋税奖励、投资、政治运作等。因此,结论是:乡村基本上是一个浮动、脆弱、不断变化的地方,它的浮游性格（volatile）远超过变化最快的城市。台湾省乡下的选举活动比城市里面更为热闹。城里人心系工作,时间精力已被生存耗尽,乡下人生活步调

相对缓慢，谈论政治成为闲话家常。经过这样的理解，Rem Koolhaas认为：如果我们希望了解城市，我们应该先了解乡村，因为它在短时间内已经预告了城市的改变。

除了这些理解，我们也有一些简单的方法。步骤一：分别在大、中、小的尺度，搜寻问题，定义关键问题。步骤二：提升到概念的层次，寻找解决问题的策略与概念。步骤三：建构规划的原型架构（proto-infrastructure），或称理想架构（Ideal infrastructure），它通常是简单的diagrams。步骤四：地图应用（map application），将这个抽象的原型架构应用在真实的地图上，亦即在真实条件下，反复地诠释这个抽象架构，找到落实的方法。我们使用这套方法做过许多规划，包括：乡村节能网、安全村落、农牧污染、工业蔓生、农林复育、自足村等。早年的成果在2013年出了一本书《2042》，之后持续做了很多更有趣的案例。

7 提案与方法

下面用五个案例来说明我们的方法与提案[②]。

7.1 提案一：收缩道路与村镇

研究中，我第一次了解到台湾省每平方公里内的道路长度是全世界第一的。这个现象与我们的选举很有关系。每到选举时，各级政府就用不同的方式来讨好地方选民，修建道路就是方式之一，而且

非常有效，因此，从前的绿色田埂都变成了灰色道路。汽车可以直接开到田埂上，这是乡下真正的状况。随着道路所及，中小型工厂接踵而至，所以工厂无处不在，与农地混为一谈。因此，我们面对的问题是：如何软化这些利用率低的水泥路面，甚至复育成绿色路面？

首先，道路功能基本上可分为"物流"与"人流"。我们将人流交给大众交通工具，这个想法用在乡村，对台湾省人来讲是不可思议的。我们仍然针对台湾省的海岛平原尺度，提出一个路网方案。针对物流，我们保留高速公路，已经盖了就不再去拆它。重新评估其他的道路系统，进行软化和绿化。

台湾省的纵贯铁路是日本人建的，称作"台铁"。之后，日本人又建了农用的产业铁路，运送甘蔗，由台湾省糖业公司拥有，称作"糖铁"（图11）。"台铁"是南北向的纵贯铁道，"糖铁"则多半是东西横向的，田里收割的甘蔗由糖铁运送至纵贯铁道上的加工厂，制成品由台铁运至北边的基隆港，或南边的台南港，运往日本或东南亚。糖铁的路权和土地目前都还属于台糖公司。这是非常难得的资源，虽然铁道现况多半损毁，然而带状土地仍可复原为运输功能，只是它不再运输甘蔗，而是运输人。我们利用此机会，建构由台铁、糖铁、乡村巴士以及脚踏车等交通工具形成的大众交通网（图12），来处理广阔平原上村镇"人流"的问题（图13）。经过模拟，一位住在乡村的白领阶层，利用

图11

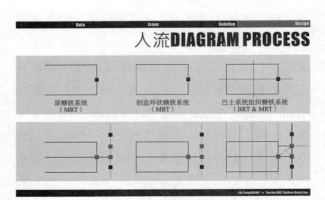

图12

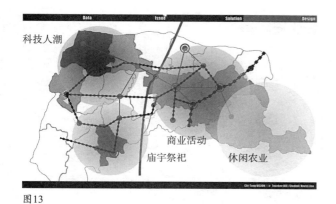

图13

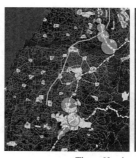

Time: 60 min
Cost: 140 NT
Commute to job

Regional life model
计划区生活圈

图14

图15

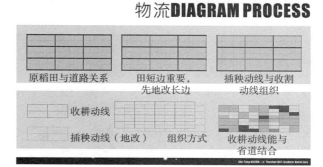

图16

大众交通路网到二线城市工作，每天路上耗时60分钟，双程车费140元台币（20元人民币）（图14）。

地图上的黑色线条都是水泥路面（图15），如何缩减这些道路是我们要处理的问题。首先，我们研究农地的分割、给水排水系统、农耕步骤以及各型农具的运作条件等基本知识，找出由不同等级的产业道路建构的系统简图（farming road diagram）（图16），它是一张合理而必要的硬铺面道路系统。我们选择测试区域，把这张理想却抽象的简图应用在真实的地图上，反复协商谋合，落实成真实的路网。我们发现，居然可以拿掉接近三分之二的硬铺面道路。将过剩道路的水泥路面"软化"或"绿化"，复育成田埂或农具行走的自然路面。保留的硬铺面道路，衔接四通八达的高速公路，提供有效的"物流"路网系统。

7.2 提案二：农村水域绿色共生

第二个提案比较复杂。河域与周边村镇的关系，可以加分，也可以减分。现况是明显的减分，因为农村里的生活污水、饲养禽畜的污水、农药污染过的灌溉排水等，都直接排放至河里。所以我们要重构村庄与河域的关系。

我们选择虎尾溪沿岸的五个村子（图17）。在村镇周边与溪流之间，我们导入五个污水净化区，它们各自有阶段性的净水功能，地景相异，其上赋予的小区功能或农耕功能也相异。它们是：村镇活动区、非开发（与自然共生）农作区、生态保留区，并在这三区之间插入界面缓冲区。依据土地使用强度，依次置入：商业、住宅、学校、公共设施、工业、农牧、稻田、鱼塭、休闲、自然等功能。我们整理出这张理想的架构简图（Framework diagram），同时处理了许多数学问题（图18）。五个类似的小镇用同样的概念性简图解读与规划（图19）。进入地图应用阶段，将简图的逻辑与现况反复妥协、谋合与调整，这是实务上最具挑战性的部分。图20所示水系统与功能系统整合的剖

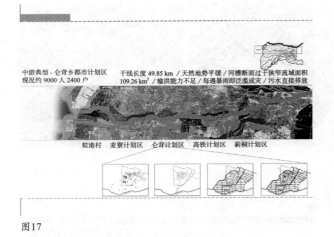

中游典型 - 仑背乡都市计划区 干线长度 49.85 km／天然地势平缓／河槽断面过于狭窄流域面积
现况约 9000 人 2400 户 109.26 km²／输洪能力不足／每遇暴雨即泛滥成灾／污水直接排放

蚊港村　麦寮计划区　仑背计划区　高铁计划区　莿桐计划区

图17

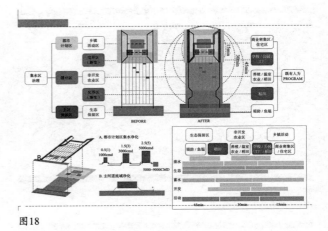

图18

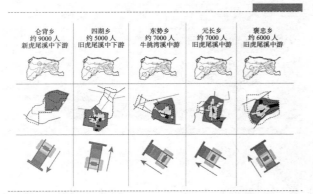

仑背乡　四湖乡　东势乡　元长乡　褒忠乡
约9000人　约5000人　约7000人　约7000人　约6000人
新虎尾溪中下游　旧虎尾溪中下游　牛挑湾溪中游　旧虎尾溪中游　旧虎尾溪中游

图19

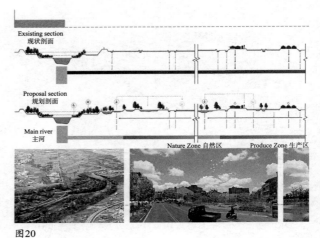

Exsisting section
现状剖面

Proposal section
规划剖面

Main river
主河

Nature Zone 自然区　　Produce Zone 生产区

图20

面图，表达了河域周边结合水循环系统的乡村地景。

7.3 提案三：乡村蔓生：生活生产新契约

工厂在乡村无规则、无止境地蔓生（rural sprawl），成为台湾省乡村最棘手的问题。工厂无法赶走，它不在此地污染，也会在其他地方污染。因此，如何寻找生活与生产在规划上的新伙伴关系（new partnership）是本提案的命题。农村与农村之间以道路连接（图21），浅灰色带状区域是工业沿着主要道路发展。靠近道路的零碎土地是杂农（菜地、果园、设施农业等）。主要道路进入村镇后，将道路旁聚集的工业厂房扩大发展成工业园区，"等级化"道路，重建步道区，以调整换地的方式，诱导工厂移出村镇的生活区，恢复村镇人车分流、安全便利的乡居质量（图22）。目前，大部分的主要

道路经过村镇中央，工厂和住宅混杂。村子里面没有步道系统，路上停满了车子，步行非常危险，因为车子开得比城里还要快。这个提案是村镇规划的重要练习，建立工厂与道路的合理关系，将生活街道还给乡村小镇（图23）。

7.4 提案四：工厂再造：乡村住宅

本方案原是一栋面宽21m，纵深70m的铁皮屋工厂，我们将它改造成集合住宅。淡色的钢架是现况，深色的桁架是结构技师计算后的补强结构（图24）。目前，在台湾省乡下，100m²的集合住宅售价约120万人民币（600万台币）。本方案企图找出一个可负担的平价住宅原型，改造这个极为普遍的闲置铁皮屋，100m²居住单元需要40万人民币（200万台币），基本上是三分之一的价钱。乡下有非常多的闲置的铁皮屋，因此有机会且有市场（图25）。

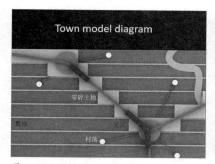

图21   图22   图23

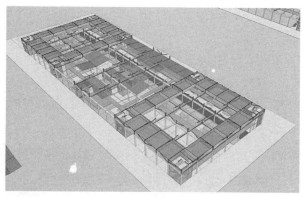

图24

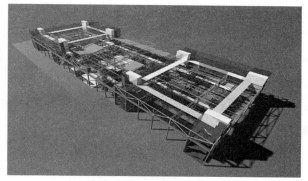

100m²/120万RMB → 100m²/40万RMB

图25

7.5　提案五：村镇中心与人居复育

提案是乡村小学改建工程。特别有趣的是，这两位合作的同学是天津大学到淡江大学的交换生葛康宁与杨慧。这个方案得到不少奖项，包括联合国ICCC（International Council of Caring Communities）的首奖。两位同学曾到纽约联合国总部简报此提案。台湾省有许多的乡村小学自日据时期遗留至今，因此许多校址坐落于乡村的核心区，学校附近常有乡镇公所、警察局、市场与民生商业等。乡村蔓生后，核心区开始空洞化，少子化后，学校闲置的教室愈来愈多，因此，学校极佳的地点目前却低密度使用。乡村空洞化的另一个问题是高龄老人增加，需要照顾。因此，我们将高龄设施置入学校，包括健康老人住宅以及有医疗设施的日间照顾和长期照顾功能，它的设施可以服务周边更广的区域（图26）。校园空间重新规划，除了高龄照护设施之外，尚有住宅以及格局较小的教育功能，沿着主要街道，部分校园改造成线性商业带，收纳永久与临时性的商业活动，同时置入小区服务功能，如托幼、阅读、咨询与活动等功能，聚合人众（图27）。老旧校园成为乡村再生基地，重建流失中的"村镇中心"（town center）。经过计算与设计，在这块不算大的土地上可以完成水、能源、食物与精神的自足（图28、图29）。重构不能倚赖政府资金，所以设定民间投资的营运模式，误差在10%之内，大约在11年后，投资者可以回收利润（图30）。

另外一所乡村小学的改造提案野心更大，我们问的问题是：过剩的校园，如何分担土地复育的责任？基地在一个更为荒凉的小镇，这所学校不在小镇的中心，而在边缘。我们仍考虑保留局部学校，置入高龄设施、住宅与小区服务等功能。学校的东南角有一间庙，是小区居民聚集聊天的地方。学校功能从整片校园收缩到东北角，因此释放出来的大片土地赋予农耕、健康老人住宅与小区休闲，大胆地把农地延伸进入校园，结合健康老人的住宅区。校园农地完整生态链接廊道，也为高龄老人提供了活动休闲的场所。

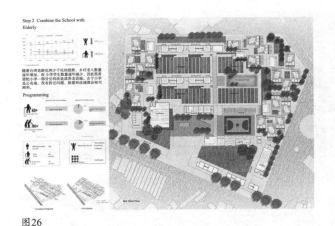

Step 2 Combine the School with Elderly

随着台湾老龄化和少子化的趋势，乡村老人数量逐年增加，而小学生数量逐年减少，因此我希望把小学一部分闲置出来的设施，由于小学也是公共地，没有存在迁园难、新建和改建费用和引顾的。

Programming

图26

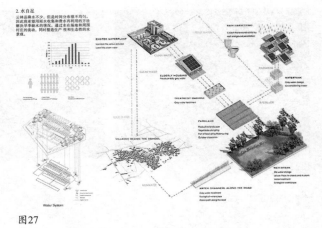

2. 水自足

云林县降水不少，但是时间分布很不均匀，因此我希望用雨水收集和雪水再利用的方法解决旱季缺水的情况。通过本在场地和周围村庄的推动，同时塑造生产和生态性的水景观。

Water System

图27

3. 食物自足

经过计算，仅仅使用校园内的土地种植农作物难以实现食物自足，因此我建立一个食物自足圈，将校园外的土地和地人能入这个系统。在校园内种植四季时蔬。建立一个小菜市场来进行农产品的交易。建立一个小区餐厅来增加小区居民的饮食选择。

建立食物自足圈

图28

4. 精神自足

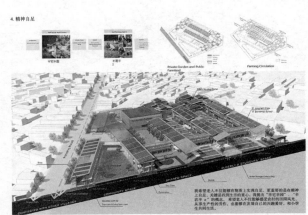

我希望老人不仅能够在物质上实现自足，更重要的是在精神上自足。关键是找到生活的重心。我提出"半工半园""半农半×"的概念，希望老人不仅能够享受农村的田园风光，从事生产性的劳作，也能够在发展自己的兴趣爱好，和小学生共同生活。

图29

5. 资金自足

图30

　　这是两个非常漂亮、聪明的提案。收集地区、乡村的机会，回应明日的需求。台湾省的乡村问题何其多，与各地乡村无异，如果我们把视角拉大，时间拉久，许多问题便可能不再是问题，有许多答案可以同时解决许多具体问题，有效地帮助我们重行调整人居与地球的关系。

注释

1　https://www.iconeye.com/architecture/features/item/11031-rem-koolhaas-in-the-country

2　提案一：收缩道路与村镇
　　合作人：廖凯文
　　提案二、农村水域绿色共生
　　合作人：郭孟芙
　　提案三：乡村蔓生：生活生产新契约
　　合作人：钟逸
　　提案四：工厂再造：乡村住宅
　　合作人：吕柏勋
　　提案五：村镇中心与人居复育
　　合作人：葛康宁，杨慧

藏族传统村落人居
环境调查研究

索朗白姆

西藏大学建筑系副教授、系主任（藏族）

建筑是一个地区的产物，扎根于具体的环境之中，受到所在地区的地理气候条件的影响，受到具体的地形条件、自然条件以及地形地貌和城市已有的建筑地段环境的制约，形成了建筑的地域性。

1 西藏地区地域性建筑简述

在西藏地区，地域性建筑中最具特点的就是宗教建筑。诸如布达拉宫、大昭寺等梯形的建筑，具有强烈的色彩，如红色、黄色，代表着宗教——也就是"顶端建筑"。而民居建筑则是西藏地域性建筑中的另一种重要类型。藏族民居主要有碉房和帐房两大类。墙体下厚上薄，外形下大上小，建筑平面都较为简洁，立面中木质的出挑以轻巧和灵活和大面积的厚宽、沉重的墙体形成对比，既给人以沉重的感觉又使外形变化趋向于丰富。帐房拆装灵活，运输方便，是牧区群众为适应逐水草而居的流动性生活方式所采用的一种特殊的建筑形式。下面就拉萨传统村落人居环境的调查研究进行阐述。

2 拉萨市传统村落人居环境——次角林村为例

拉萨市城关区次角林村位于拉萨河南面与布达拉宫遥相呼应。次角林村三面环山且整个村落坐南朝北，在山的阴面。次角林是我们实习的一个观测点，2008～2010年连续三年在这里作基础调研（图1）。

2.1 次角林村村落布局

次角林本身由五个组组成。最外沿的几个组是最中心的组，最主要的宗教建筑在这个位置，就是次角林寺，山上有个地方保护神的庙，叫做宗赞庙。整个区域里密布着细小的水系。这是一个典型的以宗教为中心生长发展的聚落（图2）。对于次角林，先是有了次角林寺和宗赞庙，才有了这个地方。在西藏这种情况很普遍，就是先有了代表性的建筑，然后村落才慢慢开始扩展，这种发展方式与国内其他地区有所不同。藏族村落的选址一般有两种方法，一个是天梯说，另一个是中心说，这两种说法都是和藏族传统文化相关联的，是藏传佛教下的生态理念。天梯说强调依山而建、依山排开；至于中心说，大家都很清楚的案例是藏南的桑耶寺聚集群，包括整个拉萨市的老城区——以大昭寺为中心的八角区老城区也是中心说的一个很典型的案例。我们当时选次角林的原因是它既有"中心说"的群落，又有"天梯说"的群落，村落结构对于水系等各方面都考虑得比较多。

2.2 次角林村中心建筑

次角林村最主要的两个宗教建筑——一个是次角林寺（图3），另一个是宗赞庙（图4）。宗赞庙和次角林寺作为位置最高的空间体系，有一个辐射性。按"中心说"的理论，最高的建筑应该是次角林寺，所有的民居是不可以超过它的高度的。这在藏族聚落中，已经是一个约定俗成的要求。还有一些佛堂在村落的结构中也属于制高点，这些对于村落本身的结构也有影响。对于内部环境来说，因为村落结构本身比较自然，所以可以看到很多小的水系。当然有很多老百姓就用这些水沟里的水来洗衣服。下雨天，可以看到这些小巷道都是泥泞的。从市政的角度说，还达不到基本的生活要求。村子是从山上引水管下来的，由于气温较低，冬天会有很多水管被冻住，就必须使用压水井等。这些牛棚，还有一些小的巷道，都是自然形成的冲沟，所以村落内部环境还是比较糟糕的。

2.3 次角林村民居建筑

在调研中，落到人居环境中最小的点——民居。次角林村的传统藏式民居，建造方式是比较传统的，也没有地基的概念。传统民居建造采用的是一种不同于其他民族的叫做"反手砌墙"的建造技艺，就是人站在里面，墙由里往外砌，如布达拉宫

图1　2015级建筑班 古建测绘实习

图2　次角林村布局

图3　次角林寺

图4　宗赞庙

和雍布拉康这些大型宫殿建筑，它们沿山而建，并不是由外脚架把它架起来的，其实是由内向外反手砌墙砌出来的。这种技艺对于墙体的厚度要求很高。在我们调研的过程中发现，新建的民居墙体太薄，散热快，保温效果差，室内热舒适度不如传统民居。因此，建筑技艺本身影响了建筑材料，也影响了房屋内的舒适度。在藏族传统民居中，室内普遍使用的取暖工具——牛粪炉，使得冬天的取暖炊事很方便。但在现代建造技术的影响下，室内空间的改变导致了这种取暖方式的消失。因为不能用空调，所以最简单的被动式取暖方式就是使用"小太阳"。对于舒适度而言，这种取暖方式并没有牛粪炉好（图5、图6）。

具体到一户民居的调研，二组的一户人家，家中大儿子和小儿子分家后，他们自己的房子就在老房子旁，以"墙挨墙"的方式建起来。在这种传统的起居室室内很少有现代家具，同时还有固定的储藏牛粪的地方。传统的厨房，是牛粪炉加上水台，从沟里背水回来倒在这个地方。院子中还有旱厕，使用中并不是很卫生，对于外部环境是有影响的（图7～图9）。

3 藏族传统村落人居环境的保护

3.1 总体保护思想

如何实现人居环境的保护，正好与现代提出的"新型城镇化四化要求"是相关的。藏族传统人居环境的保护一定要尊重它的历史，维护它的特色。

图5 庭院

图6 客厅

图7 起居室（厨房）

我们可以看到现有村落的自然环境是非常好的。许多藏族传统村落中遍布古树名木。在水利方面，村中有很大的蓄水池，用于农耕是非常有利的。所以要充分发掘和传承藏族传统村落的历史文化资源，加强保护传统村落的布局和建筑原始风貌，尊重和保护藏族传统村落人居环境的历史文化内涵。

3.2 总体保护对象

对于藏族传统村落人居环境的保护包括有形的文化遗存保护和无形的文化遗存保护。有形的文化遗存保护指的是千百年来藏族人民通过生存生活而建立起来的村落建筑等历史建筑物进行保护。无形的文化遗存保护就是指精神文化空间的保护。

3.2.1 有形的文化遗存保护

（1）对于村落选址的保护

整个村落符合汉族体系下村落选址的要求。藏传佛教体系下对理想村落选址的理解和汉文化体系是一样的。在地理环境较差的地方，村落选址更在意山的环抱性，这对形成小气候也是很有利的。以寺庙为中心的聚落布局原则在"新城镇化"下慢慢被改变。对于藏族而言，有一个很重要的宗教习惯，叫"转经"，以大昭寺为中心的八廓街其实就是其中一个转经道，称作"八廓"，再向外扩展以布达拉宫为中心的转经道称作"孜廓"，最外围一圈涵盖了药王山、布达拉宫及老城区片区的转经道，称作"林廓"，这三个转经道组成了整个拉萨早期城市的结构。在村落中同样存在转经道，次角林寺四周有一圈转经道，其周边的民居围绕着转经道一字排开，和八廓街是一样的。对于整个村落来说，又有一个大的"转村道"，每年藏历八月时，村民们为了祈福，背着自家的经书统一从次角林寺出发，围绕整个村落边界线转一圈，最终再转回次角林寺，转村道也成了空间上的约束。

（2）对于内部室内陈设方面的保护

对于藏式传统村落人居环境的室内陈设方面，既要保护传统家具，也要符合居民的现代化使用需求，例如在大多数现代的藏式民居中多了一个家具——冰箱。同时，现代的很多藏式民居会添加阳光房，这个阳光房也兼具客厅的作用，整个空间（比传统藏式民居）要大许多。在外屋添加阳光房可以增加室内的感光度，室内热舒适度也会增高。夏天的时候，阳光房可作为晾晒空间和小的起居空间。

（3）营造公共空间的保护

在现有的村庄中，我们也能看到很多的公共建筑，这些公共建筑都是新发展起来的。这些刚建起来的公共设施对整个村落来说不是很合理——每个位置的选择都不是很合理。就空间节点来说，像擦康、鲁康，还有一些香炉，都分布在转村道的每一个点上。最高的宗赞寺往下通过这几个点把整个村落涵盖在里面。所以，在公共空间的保护上，引入"触媒"的观念进行梳理和重建，以空间节点为核心，梳理主要的空间活动轴，营造具有文化特色的公共空间，完善公共空间体系布局。

3.2.2 无形的文化遗存保护

无形的文化遗存保护是指精神文化空间方面的保护对策。我一直有一个质疑，就是目前很多在西藏做的保护规划往往会忽略转经道上人们的活动。我觉得内蒙古工业大学的张教授说得很有道理："当相对环境比较恶劣，又没有好的建筑材料，也没有新的建筑技艺时，我们如何去设计？"。

4 总结

在建筑技术发展过程中，尊重宗教信仰，尊重居民的生活方式，因地制宜地建造建筑，是我们应该关注的重点。不能一味追求新形式、新技术，而是应设计出适合当地居民生活的建筑。关于藏族传统村落人居环境的保护，应提出传统村落人居环境的总体保护思路和总体保护对象，因为每个传统村落的保护重点和保护措施有所不同，所以应当因地制宜地提出保护措施及方法，村落人居环境的营造是一个长期动态的过程。我们应当以可持续发展的态度来进行传承和保护。

社区营造视角下的传统聚落仪式空间研究[1]

林志森

福州大学建筑学院副教授、副院长
福州大学地域建筑研究所所长

　　为了更好地保护、继承和发扬优秀居住文化遗产，弘扬民族传统和地方特色，中国自2003年起实施历史文化名镇名村评选制度，现阶段国家级历史文化名镇名村的数量达528个，其中名镇252个，名村276个；2012年起，推行中国传统村落认定制度，现已认定四批传统村落，共计4157个。福建省作为传统村落大省，拥有国家级历史文化名镇13个，名村29个，传统村落229个，数量居全国前列。

　　从建筑文化类型学的角度，可以把福建民居分成7个主要建筑文化圈：闽东建筑文化圈，以防火山墙为标志；闽南红砖建筑文化圈，以红砖红瓦为特征；闽西以土楼而被大家熟知，在很多场合被当作福建民居代表；闽中以土堡为典型的传统聚落；闽北以青砖民居为代表，当地曾误将其

归于"徽派建筑"；另外还有在水上聚船而居的疍民聚落（图1）。从民居建筑的类型来看，很难用一种方式归纳出福建或者说是闽派传统建筑的本质特征。

　　但是，究竟如何看待福建的地区建筑呢？它是否具有文化一致性与可识别性？学界认为，清代中叶，福建文化在不断整合中已经趋向成熟①。通过跨学科的研究，我们发现，社会学界敏锐地注意到了福建地域文化中的宗族文化与民间信仰特质②。因此，我们尝试着从这一视角介入传统聚落的跨学科研究，探索社区空间与聚落形态之间的关联与互动规律。本文更多地关注聚落形态中的仪式空间节点，从建筑人类学的视角去探寻闽派聚落发展的规律，从而为社区营造提供有益的启示。

1　本研究受国家科技支撑计划课题（2015BAL01B03）、国家自然科学基金面上项目（51378125）资助。

（a）闽东庄寨聚落　　　　　　　　　　　　　　　　　　　　（b）闽南红砖聚落

（c）闽西土楼聚落

图1

1　过渡仪式与聚落空间

　　仪式对于人的存在到底有多重要？人类学者认为：仪式作为一种具有象征性和表演性的民间传统行为方式，体现了人类群体思维和行动的本质。作为社会或者族群的最基本的行为模式，它存在于人们的日常生活以及一些社会政治生活当中，有些是很神圣的，有一些则是相对礼俗化的。法国人类学家范·根内普（Arnold van Gennep）把人类仪式行为理解为一种过渡仪式（The Rites of

Transition）。这些仪式包括"个人生命转折仪式"（individual life-crisis ceremonials）和"历年再现仪式"（recurrent cylindrical ceremonials），前者如出生礼、满月、度晬、成年礼、婚礼、丧礼等象征生命转折的仪式，后者如过生日、过春节等。过渡仪式中存在着分离、转化和重整的过程。范·根内普认为，仪式的研究价值在于其常被人们用以在一个社会结构中确立起新的角色和新的身份地位③。

文化人类学的研究把仪式作为具体的社会行为来分析，考察其在整个社会结构中的位置、作用和地位。它们固化在传统的人居环境当中，形成了一系列丰富多彩的仪式空间，它们标示了聚落空间的结构转换过程。社区结构中存在三个层面：家庭层面、次级社区族群、社区族群。相对于社区空间的三个层次，聚落空间也可分为三个领域（表1）。

社区结构与聚落空间的对应关系　　　表1

社区空间的三个层次	聚落空间的三个领域
家庭	住宅
次级社区族群	组团
社区族群	聚落

首先是聚落内外的空间分离。例如在传统聚落边沿，常常可以见到如牌坊、风狮爷等对于聚落边界的界定。这些地方标示了一些仪式行为，例如"文官下轿、武官下马"等，就是空间对于行为的一种约束。在仪式空间中，聚落主体通过年度周期的祭祀仪式来强化社区领域的内外转换，其中比较典型的就是"巡境"，即在年度周期中的某一天把当地信仰的神灵抬出来进行巡游。"巡境"仪式有两方面的社会学意义：其一，通过娱神来祈求"合境平安"；其二，通过"巡境"等仪式强化社区的边界。通过仪式的象征和隐喻，聚落族群对聚落领域的感知并不局限于建筑及构造物等所限定的空间范围，而是包括了他们赖以生存的耕地、林地或渔场等资源领域的控制。如果缺乏对仪式象征意义的理解，作为"他者"就无法准确理解聚落的边界之所在，因为这些界面是无形的（图2）。

（a）福州林浦村口"尚书里"石牌坊

（b）中国台湾金门风狮爷

图2

其次是聚落内部的结构转换。在道路的转折点或丁字路口建设宫庙、安置风狮爷或石敢当；在聚落内部，特别是街巷的不同区段或不同族群在线性空间中都会存在许多标识，例如牌坊或者过街楼等，都属于空间转换的节点。历史上实施的里坊制，每个坊设有坊门，福州的三坊七巷的各个入口均设有牌楼，就是该制度的历史遗存（图3）。明清泉州古城由36铺72境组成，每个铺、境都有自己的地域主神庙。这些铺境庙宇标示着聚落内部在次级社区族群间的结构转换（图4）。铺境庆典等各种仪式在社区范围内举行，铺境庙及其相关空间成为专门的仪式场所④。

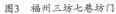
图3 福州三坊七巷坊门

图4 泉州镜庙孝友宫

（a）"连体"楹联

（a）福州某宗祠门口的石狮

（b）泉州某土楼的厅堂

图5

（b）位于繁华商铺顶层的寺庙

图6

再次是建筑单体空间的重整。住宅作为聚落空间的基本单元，是社会文化的一种微缩的物化形式和空间载体。早在我国汉代的《黄帝宅经》中就有"夫宅者，乃阴阳之枢纽，人伦之轨模"的记载。住宅本身就是一方天地。住宅入口作为内部空间与外部环境的联系节点，是内外空间转换的载体，因此，常常成为仪式空间的重要节点，如在传统聚落中，重要的公共建筑门口往往配置一对石狮，在住宅中，门前的照壁、门槛上的对联、门头的堂号、前厅的影壁等，都蕴涵着空间与家庭重整仪式的象征意义（图5）。

2 传统聚落仪式空间的当代社区适应性

晚清至民国初期是中国历史、文化与社会的大转变时期，是东方文化和西方文化的撞击点和交汇点，中华民族的文化传统和固有的社会结构遇到了前所未有的挑战。百年来，中国固有的文化传统发生危机并逐渐解体。改革开放以来，中国进入了一个快速城市化的进程，居住小区规划的简单化与单义性导致传统仪式空间的缺失，原有的居民生活模式趋于瓦解，而适应新需要的居住空间、环境设施、社区管理服务体制以及居民的社区归属感尚未形成。然而，人类对仪式的基本需求不会消失。这种矛盾的存在导致了市民在生活中遭遇种种不便和尴尬。微者如楹联，在很多现代公寓中，楹联的张贴已"无地自容"；大者如祭祀空间的异化，一些庙宇或屈尊于住宅的底层，或让位于商铺（图6）。

社区作为社会的子系统，强调人们对族群与地域性居住环境的认同感和归属感。社区自身及社区间的相互协调与发展，是传统基层自治的基本保障，是维系社会的良性运行与协调发展的关键要素。社区共同信仰的形成，有赖于社区纽带的维系。在中国传统社会，最主要的纽带包括宗族血缘和宗教神缘。以血缘为纽带的宗族组织强调族群的尊卑有别、长幼有序，在聚落空间中表现为主次分明、内外有别的位序格局；以地域神明为纽带的神缘组织则通过民间信仰和祭祀仪式渗透到居民的日常生活之中，通过地域的分化与整合形成不同层级的祭祀圈，以此确保身份认同与社区可识别性。

当代社会生产关系、社区结构及日常生活已发生了很大的改变，仪式空间也随着人的社会行为及社区空间形态的改变而不断变迁。利用时态地理信息系统（TGIS）将时间概念引入到GIS中，跟踪和分析聚落空间数据随时间的变化，不仅可以描述传统聚落在特定时期的状态，同时可以描述聚落形态沿时间变化之过程。通过历史文献资料整理和对遗存现状数据的收集与分析，注重长时段的历史研究，借助TGIS分析社区仪式行为与空间的历时性变化，预测社区发展的趋势，探索仪式空间的当代社区适应性问题（图7）。

3 个案研究

福州林浦村地处福州南台岛东北端，北邻闽江，南靠九曲山，与鼓山隔江相望。地势多山而环水，江渚交错。林浦原名"濂浦"，最初，当地的居民以农业、渔业、狩猎为主，主要有"林、蔡、赵、陈、黄、张"等几大姓氏。这个村落的独特之处在于南宋末年益王赵昰、广王赵昺在南逃过程中曾在此驻跸，并以当地社庙平山堂为行宫。通过对林浦村仪式空间的"社会—空间"过程的研究，可以更深刻地理解传统村落的形态变迁和社区发展的规律。

通过文献的梳理，提取了该地有据可考的几个重要时间节点与仪式空间节点，由图7可以看出，

图7　传统聚落时空数据模型的实现结构

林浦自汉至唐间已有人类居住与进行生产活动，唐代中期，林浦人口聚集可能已达到一定规模，唐后期，林浦连氏开始进入社会上层。自宋始，林浦村中已设立书院，文风渐盛，吸引了当时的大儒先后到此讲学传道；村落的南北向主轴已经形成，特殊的历史事件使轴线的北节点得到强化。至明中叶，林浦文风鼎盛，人才辈出，轴线上进士柴坊的设立，加强了主轴线的连续性；村口石牌坊的兴建，强化了村口的标示性，也强化了主轴的南节点；文人士子陆续兴建家祠，不仅强化了宗族的向心力，也促使村落形态由线形向鱼骨状演变。明清时期，角亭相继建立，林浦村逐渐建立了一套地域性民间信仰体系，从其分布规律来看，可看作是对居住空间边界的确认（图7）。

"泰山神"的信仰是林浦村民共同的民间信仰，每月的初一、十五，人们会自发地来到泰山宫进行祭奠仪式，以保平安。这种心理上的"内聚力"引导着同村不同族的人在相互协作当中处理村落事物，从而提升聚落的整体实力。角亭是供奉各角落地域保护神的庙宇，一般规模比较小，名称各异，有亭、庙、府等不同的称呼。除每月初一、十五外，每年会有一个固定日期，举行全角范围内的共同的祭拜活动，较大的角还会组织主神的巡境活动（图8）。

林浦民间信仰体系的独特之处在于与地方行政空间的紧密关联及其对基层管理制度的地方性转化。明清时期，为加强基层社会的管理，官方推行了一套完整的行政空间区划制度，即里甲、保甲制度。在宗族村落，则宗法与里甲相辅而行。清代思想家冯桂芬认为："亿万户固已若网在纲，条分缕析，于是以保甲为经，宗法为纬，一经一纬，参稽互考。…… 宗法为先者，祭之于家也；保甲为后者，聚之于国也。"[5]在接受宋明理学为正统模式之后，为了营造一个一体化的理想社会，明清政府通过树立为政和为人的范型来确立自身为民众认可的权威。在这个过程中，民间通过模仿祠、庙、坛、社学等官祀体制而形成了民间信仰，并通过仪

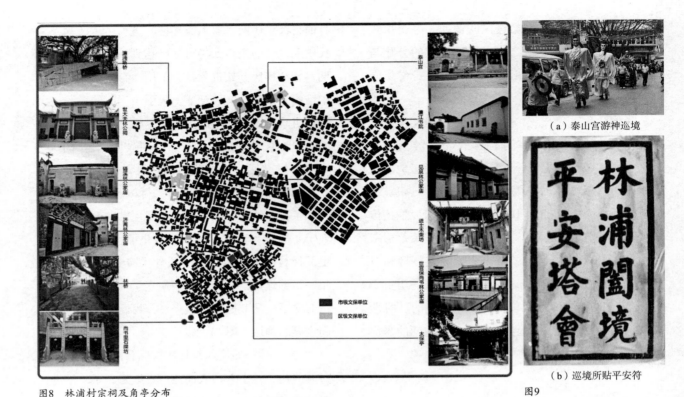

图8　林浦村宗祠及角亭分布

（a）泰山宫游神巡境

（b）巡境所贴平安符

图9

式挪用和故事讲述的方式，对自上而下强加的空间秩序加以改造。于是，保甲制度在民间通过民俗化改造后吸收了各种不同的习惯和观念，被转化成了一种地方节庆的空间和时间组织。在此改造和转化的过程中，官方的空间观念为民间社会所扬弃，并在当地民众的社会生活中扮演着重要角色，形成了独具特色的林浦角亭民间基层组织。

4　结语

　　总体来看，由于这些民间基层组织多建立在村民相互需要的基础上，建立了相对严格且便于实施的从选用执掌者到执行具体事务的规章制度，通过政治的、经济的、文化的教化方式，借助血缘和神缘的纽带，故又能有效地实现其社区整合的功能。这些民间基层组织几乎都是在社会变迁的新形势下应运而生的，并且不断适应社会变迁而

变更自己的形式，既保持了传统文化中的优良成分，又较平稳地推进着社会的进步，其积极意义是不容低估的。通过对宗祠、角亭等仪式空间的适应性改造，形成适应当代生活的仪式行为与公共活动场所，不仅可以确保传统聚落形态的保护与传承，也可为当代社会基层管理与公众参与提供物质保障。

　　根据"社会—空间"过程研究村落的社区结构演变与聚落形态变迁，可以充分认识村民的基本诉求，将研究视角转向以人为本的社区法则。这种价值定位要求聚落形态研究转向从居住者的角度，从地区因应技术与文化习俗两大方面研究传统聚落空间的意义。这种研究视角的转换和可适应的理解，不仅可以拓展建筑学研究的领域，也为正确认识中国的社区传统，探讨传统聚落的有机再生，探讨如何延续非物质的遗产所需要的承载空间，为仪式空间的当代适应性提供理论保障。

注释

1 林拓. 福建文化的活力与魅力：历史与国际的视角 [J]. 福建论坛(人文社会科学版)，2009.02：116-120.

2 Maurice Freedman. Lineage Organization in Southeastern China. Athlone Press, 1958; Ivy Maria Lim. Lineage Society on the Southeastern Coast of China. INBUNDEN, Engelska, 2010; Emily Martin &

Arthur P. Wolf. Religion and Ritual in Chinese Society. Stanford Univ Pr., 1975.

3 彭兆荣. 人类学仪式研究评述[J]. 民族研究，2002，2：88-96.

4 林志森，张玉坤. 基于社区再造的仪式空间研究[J]. 建筑学报，2011，2：1-4.

5 冯桂芬《显志堂稿》第11卷"复宗法议"

参考文献

[1] 常青. 风土观与建筑本土化：风土建筑谱系研究纲要[J]. 时代建筑，2013，3：10-15.
[2] 彭兆荣. 人类学仪式研究评述[J]. 民族研究，2002(2)：88-96.
[3] 费孝通. 乡土中国[M]. 北京：北京出版社，2005.
[4] 林志森、张玉坤. 基于社区再造的仪式空间研究[J]，建筑学报，2011，2：1-4.
[5] 孔亚暐，张建华，闫瑞红，韩雪. 传统聚落空间形态构因的多法互证——对济南王府池子片区的图释分析[J]. 建筑学报，2016，5：86-91.
[6] 林志森. 基于社区结构的传统聚落形态研究[D]. 天津：天津大学，2009.
[7] 林志森. 传统聚落仪式空间及其当代社区适应性研究[J]. 建筑学报，2016，12：118-119.
[8] 林志森，吴志刚. 儒学与宗法：一个多姓宗族聚落的位序观[J]. 南方建筑，2011，6：43-46.
[9] 林志森. 厦金两地宗族聚落形态比较研究——以整饬规划型宗族聚落为例[J]. 新建筑，2011，05：126-129.
[10] 李东，许铁铖. 空间、制度、文化与历史叙述：新人文视野下传统聚落与民居建筑研究[J]. 建筑师，2005，03：8-17.
[11] 周大鸣. 以政治为中心的城市规划：由中国城市发展史看中国城市的规划理念[G]//孙逊，杨剑龙. 都市、帝国与先知. 上海：上海三联书店，2006：96.
[12] 张鹰，陈晓娟，沈逸强. 山地型聚落街巷空间相关性分析法研究：以尤溪桂峰村为例[J]. 建筑学报，2015，2：90-96.
[13] 王铭铭. 象征的秩序[J]. 读书，1998，2：64.
[14] Gregory, Ian N. and Knowles, Anne Kelly. Using GIS to understand space and time in the social, behavioural and economic sciences: a white paper. SBE 2020: Future Research in the Social, Behavioral & Economic Sciences, 2011.

地域中的他者：郑东新区建筑文化阐释

郑东军

郑州大学建筑学院教授、副院长

郑东新区是2002年通过国际竞赛，采用日本建筑师黑川纪章的概念性方案，经过十多年的建设，形成的郑州市的城市新区和核心区。这样一个起步区20km²，整个区域近150km²的新区，它的建设从规模、速度、方式、形象等方面在中国城市化进程和新区建设中都具有典型性，从地区建筑这个角度，其理论方面的意义都值得研究和探讨，这就是我们从"地域中的他者"的角度来思考这个问题的原因。

1 问题的提出："地域"与"他者"理论

以"地域"的概念来讲，它是一个现代地理学的概念，具有历史认同感和行政区划两个方面的意义。在地区建筑的研究过程中，经常会遇到"地方建筑""地区建筑""地域建筑"三个词，这三个词的概念相同，但是略有差异。地方建筑偏向于建筑所在的领域和整体的环境；地区的概念更大，侧重于某一范围内的地理环境；地域则偏向大的文化环境，考虑更多的自然和人文环境。

以"他者"的概念来说，则还有另外的一个参照系，因为其是斯图亚特·霍尔基于后殖民的文学、文化和理念提出的，宽泛地说，"他者"是一个与主体既有联系又有区别的参照。作为一个地区的主体，如果没有他者的对比，可能不能对自我完全确定和认识，所以地域和他者是一种相对的关系。它们会因不同的参照物得到改变，而不是两者的对立。实际上，二者同时存在时，才会有一种相对性。地域作为一个主体，实际上是一种自我、民族、传统，带有一种普遍性，体现了一种高度的文化认同感。如果就郑东新区的建设来考虑，郑东新区可以作为郑州的一种参照，作为"他者"，与本土的老城产生了对比。

2 郑东新区建筑文化

2.1 郑东新区概述

郑东新区位于河南省会郑州，其东西两连的开封、洛阳市，均为国家级历史文化名城，其城市文化又具有鲜明的自身特点。

郑东新区的建设是新世纪以来河南城市发展的一个亮点，该新区位于郑州市东部的圃田组团，总面积150km²，2002年完成规划设计，2003年正式启动建设，目前已建成使用。与中国传统的棋盘式道路格局不同，郑东新区采用两个CBD形成了"中心—副中心"的"如意"造型。规划将"龙脉"水系的构想与郑州城市现状相结合，提出了连接新旧CBD的西南至东北向城市商业、旅游时空发展轴的概念。其轴线与郑州商城所在位置不谋而合，成为画龙点睛之笔。另外，方案规划了8km²的"龙湖"（其规模与杭州西湖相仿），是一条环绕联系CBD的6km长的人工运河（图1）。

2.2 郑东新区建筑文化解读

（1）逃离旧城

郑东新区的建设特点，第一个就是逃离旧城，

因为当时新区的建设是基于整个城市发展的需要。郑州市的人口将近300万，而老城的面积只有150多万平方千米，由于城市的拥挤，确定了整个城市向东发展的方向。实际上新城的建设也是城市的扩张，也是寻找整个城市的一个新经济增长点，也就是郑东新区的新CBD中心（图2）。

图1　郑东新区总平面图

图2　郑东新区CBD中心

（2）中心与反中心

郑东新区CBD形成了新城的一个新中心，与老城的二七广场形成了一种对应。该中心是集会议、展览、文娱、餐饮和旅游观光为一体的大型会展设施（图3）。主体为钢筋混凝土结构，屋顶为榄杆悬索斜拉钢结构。追求高科技，强调技术美、结构美与建筑美的内在统一，依托现代化新材料、新技术、新工艺，表达时代特征。这个中心也含有一种"反中心"的概念，因为对于城市来说，一方面产生呼应，一方面形成多中心，也就是对单一中心的消解。新CBD中心与以往的中心概念不一样，其占地2km^2，将新中心的内核虚化，做成水面和公园。这样一种中心和反中心的概念，实际上形成了一个大的城市空间，其中还包括了会展、宾馆以及展览中心。它的选址存在一些问题，因为本来新中心面积不是特别大，把会展中心放在这儿是出于聚集人气的考虑，但是从现在的使用来看，带来了一系列车流、人流和停车问题。

（3）权力意志

郑东新区体现了一种权力的意志。从理论上说，人的本质体现了一种权力意志，这也是生命意志的体现，而城市建设有时也是人的内在意志的一种表现。实际上，东区是以政府主导、市场化参与的方式建设的，所以能够在10年间建成一个新城。新城建成过程中，黑川纪章来到郑东新区时说过一句话："只有在你们社会主义中国，才能出现这样的人间奇迹。"也就是仅仅用了10年就建成了这样一个新区。

（4）新地标

郑州老城的标志是二七广场（图4），而新区的标志就是CBD的会展宾馆（图5），由美国SOM建筑事务所做的造型设计，可以称为一座现代的嵩岳寺塔。被誉为"中原第一高楼"的郑州会展宾馆主楼为280m高的塔状建筑，建筑总面积为18万m^2。建筑位于中央公园内，和会展中心、艺术中心相邻，是郑东新区三大标志性建筑之一。建筑形象与嵩岳寺塔十分神似。会展宾馆的主楼曲线与平面设计均由嵩岳寺塔抽象出来，建筑的传统精神和地域特性通过现代材料和现代技术表达出来。其他的新地标建筑，如中原福塔（图6），位于郑州市航海东路，占地面积9.4hm^2。塔身为全钢结构，总高度388m，塔分为底座、塔身、塔楼、天线四部分，外立面呈双曲抛物线状，结构独特，造型新颖优美。腊梅是河南省省花，塔楼的五瓣腊梅造型取"五福"之意。但中原塔（电视塔）只是起到一个标志作用，因为在当代的卫星通信技术条件下，塔

图3　二七纪念塔

图4　郑州国际会展中心

图5　会展宾馆

图6　中原福塔

图7　河南出版集团

图8　河南艺术中心

的观光和地标意义远大于通信作用。

（5）图案化肌理

郑东新区以内外两个圆环为核心向外扩展，北侧是龙湖副CBD，两者以运河相连，象征东方传统文化里如意的形象，六棱塔的规划设计寓意中国古代文化等，城市规划建设中图案化肌理明显这一特征同样是郑东新区建筑文化的特色所在。龙湖的面积是8万km²，整个规划是想通过水系的打造体现出一种山水城市的特色。另外，原先的规划采用了九宫格的概念来做居住区，但是在实施过程中，因为涉及容积率和居住习惯的问题而没有得到很好的实施。

（6）隐喻

郑东新区的许多公共建筑设计在理念上体现了一种隐喻，来反映地方的文化。如河南出版集团大厦（图7），总平面采用九宫格图形布局，"工"字形平面经伸展、缩放后形成办公建筑所需的基本空间尺度并获得良好的自然通风与采光，立面规整排列的竖向方窗，隐喻着中国方块文字的均匀排列，表达了建筑的行业特征。

（7）共生

共生思想是黑川纪章理论的核心部分。他反对理性普遍主义和欧洲中心主义，高科技已经不能再反映真正的时代精神，取而代之的是生命形象，如新陈代谢、生长、内在秩序、开放结构等。

如河南艺术中心（图8）建筑造型取意于河南出土的三件古代乐器即陶埙、石排箫及骨笛的外形，经过抽象、演化、重组，充分体现了中原古老文化与现代建筑艺术完美结合的设计理念，并用现代建筑材料体现出了时代特色。

3　结语：地域中的他者

伟大的建筑不一定产生伟大的城市。

随着经济的发展，河南城市与建筑不断现代化的同时，也逐步"图像画"。在视觉层面上，商业化、物质化和娱乐化占据着城乡生活的所有空间，地域差异进一步消失；在设计层面上意味着一种自信心和创造力的丧失。就建筑文化而言，简单抄袭西方设计作品的结果使我们迅速时尚、前卫起来，喧闹的表象下，只能靠符号化的作品维持一个虚假的地域想象。从全国范围来看，郑东新区的现实有一定的普遍性，由此引发了我们对"地域"、"他者"、"建筑文化"等问题的探讨。

参考文献

[1]　李克. 郑东新区规划总体规划. 北京：中国建筑工业出版社，2010.

[2]　（日）黑川纪章. 城市革命——从公有到共有[M]. 徐苏宁，吕飞译. 北京：中国建筑工业出版社，2011.

基于VR技术的传统村落地区特征空间认知实验

苑思楠

天津大学建筑学院讲师

该研究起始于贵州省的青岩镇，大多数的自然聚落都与青岩镇相类似，呈现出一种自由的、非规则的形态。这种形态优美、丰富、充满变化，却又复杂万千，难以用简单的方法描述清楚一个村落的特征到底是什么。中国的广大地域分布着成千上万个这样的传统村落，人们能够感受到徽州村落的灵秀、北方村落的古朴、西南村落的奇峻，然而不同地方的村落如何给人留下这样的特征却又难以明确。这也为我们保护各个地区村落独有的特征出了一个难题。以往，当人们面对这种复杂的城市形态的时候，往往只能通过"蜿蜒的"、"狭窄的"、"高耸的"这样的词汇去进行描述，然而这种描述的方式是难以用来对保护或设计进行有效指导的。正如斯蒂芬·马绍尔所言："明确的设计方法必然是建立在对形态清晰的认识和描述的基础上的。"如果人们需要在村落中进行保护更新设计，首先就一定要能够准确地描述出这些自然村落的特性。

1 自然聚落空间形态的定量描述

随着近几十年来数理科学引入到城市研究领域中，已经产生了一些方法尝试对自然聚落复杂的空间形态进行描述。这其中包括近年来逐渐为人们所熟悉的拓扑形态特征研究方法——空间句法。通过空间句法，可以以定量的方式对聚落空间网络的结构特征进行清晰的可视化。这种拓扑研究方法的问题是不会对聚落网络空间的尺度特征进行考量。例如在经典的空间句法拓扑整合度计算中，一个网络和被放大10倍的网络分析后的结果将会是一模一样的。这显然不符合人的认知体验。因此，我们还需要能够对街道的尺度特征进行描述的方法。因此，研究还采用了网络密度指标对聚落空间的几何形态特征进行描述。

网络密度并非一种新的指标，然而以往研究对于网络密度的计量方法并不统一。一种方式是计量单位面积内的网络线密度。另一种应用较多的方式则是记录单位面积内道路覆盖面积，即网络面密度。这两种方法都来源于道路工程领域。然而，可以看到，以上任意一种方法都不能独立标定出一个网络的全部密度特征。因此，研究建立起了一个直角坐标系，横坐标为网络线密度，纵坐标为网络面密度，这样，在这个坐标系中，任意一个道路网络都可以被表示为一个唯一的点，也就如同找到一个网络的指纹，对网络进行辨识。

借助于GIS，网络密度研究方法被用到真实的聚落网络之中。可以看到，网络密度图显示出了威尼斯的城市街道网络从中心沿大运河区域向周边逐级递减的空间分布趋势。巴塞罗那中心区网络密度特征图示直观地反映了其城市区域的空间布局特征：三个于不同时期以不同方式发展形成的城市肌理在空间形态上呈现出一种隔离并置的状态。当这种方法被应用于天津中心城区时，则可以看到，不同文脉背景下的租界区与老城厢街区显现出了不同的网络几何形态特征，同时以片段化的方式在城市中并存。然而，相较于各历史街区之间的差异，历史街区同现代城市区域的差异更为显著，前者体现出密路网、小街块、均匀肌理的特征，而后者则体现为稀疏路网与大街块，同时采用拓宽城市主干线应对交通问题的策略。事实上，现代城市街区同历史街区网络空间逻辑的差异，也带来了城市空间破碎化的结果。现代城市肌理同历史城市街区肌理之间存在着隐形的交通鸿沟，会导致历史城区原有活力的丧失。

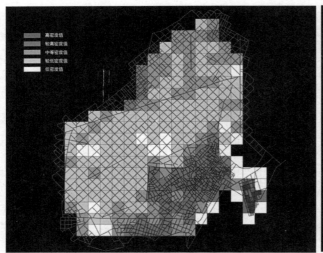 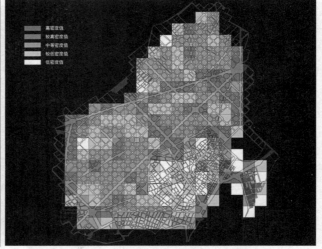

（a）巴塞罗那网络长度密度地理空间分布图示　　　　　　（b）巴塞罗那网络面积密度地理空间分布图示
图1　巴塞罗那网络密度地理空间分布图示

 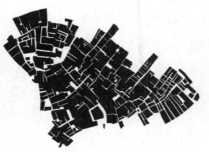 

（a）网络A：以威尼斯圣马可区为原型　　（b）网络B：以威尼斯里奥托区为原型　　（c）网络C：以贵州青岩镇为原型
图2　三个虚拟城市街道网络平面图

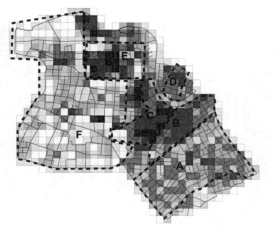

（a）网络线密度地理空间分布图示

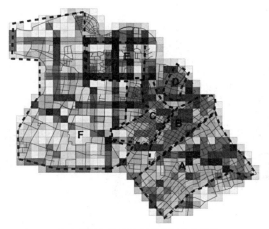

（b）网络面积密度地理空间分布图示

图3 天津网络密度地理空间分布图示（图片来源：作者自绘）

2 基于VR的传统村落空间认知实验

通过上述方法，我们获得了对复杂形态自然聚落空间特征的量化描述方法。然而这些描述方法都是基于村落的物质属性的。谈论聚落空间，一个最关键性的要素就是"人"，所有对于聚落物质属性的探讨，都必须落实到人的认知之上。因此这就存在着这样两个问题需要解答：

（1）空间的物质性状是否会对人产生影响？

（2）如果产生影响，不同物质特性的影响程度和方式是否存在差异？

解答上述问题，我们就需要对人的认知进行直接研究。近年来VR技术的发展为我们对人的认知机制开展实验性研究提供了条件。

虚拟现实（Virtual Reality，简称VR）是一种综合计算机图形、多媒体、传感器等多种技术发展起来的新兴技术，它为使用者提供视觉、听觉及触觉等感官的模拟，进而实现对虚拟世界中物体的考察和操作。借助于虚拟现实技术，一方面可以使人进行自主连续的空间体验，模拟更接近现实的空间认知过程；另一方面则是可以将城市、建筑这类巨构对象置入实验室环境之中，开展解析实验研究。利用虚拟现实实验，我们可以对人在自然传统聚落空间中的空间认知机制的核心问题——空间记忆、

认知地图以及空间行为展开研究。下面将展示我们所开展的两个实验，对这一研究过程进行详述。

2.1 实验一：空间认知的验证实验

第一个实验开展于2012年，主要目标是验证聚落中空间的特征是否真的对于人在聚落中的认知产生影响。

实验首先选取三个真实的城市街道网络作为构建虚拟场景的样本，它们分别为意大利威尼斯的两个街道网络（圣马可广场区域（网络A）和里奥托区（网络B））以及中国贵州青岩的街道网络（网络C）（图4）。其中圣马克广场区与里奥托区分别为威尼斯的政治核心区与商业核心区，代表了欧洲的中世纪传统城市街道肌理；而青岩则代表了中国的传统城镇聚落街道肌理。三个城市样本具有相近的总体尺度规模和街道平均宽度，同时具有共通的特性——经由自然增长过程形成的不规则的城市网络形态。通过这样一组实验场景设置，可以检验人们能否通过网络的空间形态特征对不同城市进行辨识，并研究人在运动过程中，是如何形成网络空间记忆并作出判断的。

城市样本需经过空间抽象转化为实验场景。这一过程将消除真实城市中建筑样式、街道断面尺度、城市标识等直观因素的干扰，从而单纯研究

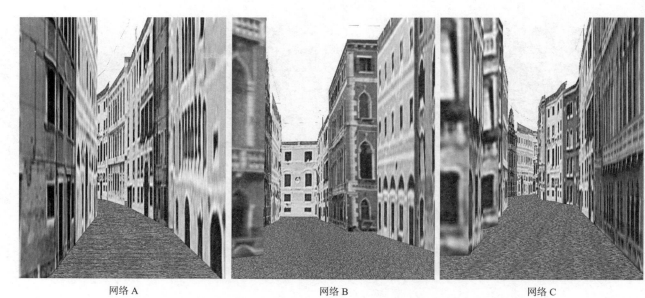

网络 A   网络 B   网络 C

图4 虚拟试验中，三个网络被赋予相同的街道界面建筑样式，使参测者仅能通过漫游感受网络空间的差异对三个网络进行识别判断

"网络形态"对人的空间认知的影响。因此，实验在三个样本网络平面之上塑造新的城市街道空间系统：首先以相同建筑高度构建街道界面，使三个网络具有相近的街道断面平均高宽和尺度；随后，街道界面被赋予相同的建筑样式，使不同地域城市建筑风格的差异可被忽略。至此，实验创造出了一组理想化的虚拟实验场地，原网络中所有与研究无关的因素均被去除，而仅保留了网络的形态特征。参测者最终将对这些虚拟实验场地进行体验，并对空间感受进行反馈。

实验以盲测方式进行，即测试前不向参测者公开三个网络的背景信息。实验首先要求参测者佩戴3D眼镜，通过操作控制设备自主行走，依次漫游三个虚拟城市网络，进行网络空间感知（图5a）。各网络漫游时长均控制在10分钟，确保参测者既可充分体验每个网络，同时在实验结束后仍可保留对各网络的有效记忆。随后通过填写调查问卷（图5b）的方式获取参测者的主观感知信息。问卷设置简明直接，避免对测试者产生暗示与误导。问卷问题如下：

（1）不能分辨三个街道网络空间的差异；

（2）三个网络中，网络____与另外两个网络明显不同，该网络更____；

（a）

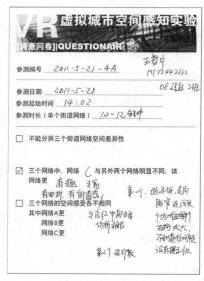

（b）

图5 参测者佩戴3D眼镜在虚拟城市街道空间中漫游，并在测试结束后填写调查问卷

（3）三个网络空间感受各不相同，其中网络A更____，网络B更____，网络C更____。

参测者将在三项中勾选最符合自己的空间认知的一项，并简要描述主观感受。实验最终共招募参测者74名，获得有效反馈问卷72份。

表1所示为为参测者提供的问卷选项的统计分析结果。可以看到，47%的参测者（最大部分参测人群）认为街道网络C与网络A、B不同，即以威尼斯街道为原型的两个网络彼此相近，而以青岩街道为原型的网络与二者具有明显差异，这一部分参测人群的认知感受与此前的量化研究中网络整合度及密度特性两项指标的分析结果相一致。

同时从表1中也可以看到，另有相当一部分参测者（35%）认为三个网络之间各不相同。他们在体验过程中进一步感知到了网络A、B在空间上的差异性，而这种差异性也在此前的网络可理解度指标分析中有所体现。尽管这两个同来自于威尼斯的街道网络在整合度以及网络密度这两方面的特性相似，然而它们之间仍存在一定的形态差异，并会在一定程度上左右人对网络空间的阅读与判断。

上述两组人群选项的聚集表明参测者在网络体验过程中能够形成某些空间认知共识，而这些共识与此前对网络形态的量化分析结果具有相应的关联。这一实验结果证明了人在城市认知过程中不仅会通过建筑的样式、街道的高宽尺度等直观因素形成城市意象，同时也会在运动过程中从更大的尺度范围下感知街道网络空间形态的差异，并形成对城市的整体性记忆。

在对参测者选项进行统计分析后，研究进一步解析这种认知产生的过程。表2归纳了参测者对网络空间形态特性的描述，这些描述反映出了人进行网络空间特征辨别时所使用的主观依据。一些参测者对于同一实验网络给出了近似含义的描述，这些描述被归纳为同类项并进行频率计数。研究最终将所有描述词汇根据出现频率进行排序，并划分为几何性描述、拓扑性描述与综合性描述三大类别。通过分析参测者的主观描述可以总结出人在网络空间中的认知行为具有如下特点：

（1）人们更多地会根据几何形态特征对网络进行识别和记忆。可以看到，在描述的统计中，无论对哪一个网络，采用几何性描述的频率均远高于拓扑性描述的频率。同时，参测者在对网络几何形态进行描述时，多使用"路径短促"、"分支多"等具象的词汇；而在对网络拓扑结构进行描述时，则多采用诸如"清晰"、"易迷失"等概括、抽象的词汇。这表明，在空间体验过程中，网络的几何形态特征（如尺度、形状、方位）易被人直观感知，并在头脑中形成具体的城市意象，而对网络拓扑结构的认知则是在空间感知过程中以抽象的方式对人的空间记忆施加影响，最终形成整体性抽象化的城市感受。

调查问卷中网络主观描述归纳统计表　　　　　　　　表1

选项	选项内容	选择人数	各选项所占比例
1	● 三个网络没有差别	2	
2	● 网络 A 与另外两个网络明显不同	4	
	● 网络 B 与另外两个网络明显不同	7	
	● 网络 C 与另外两个网络明显不同	34	
3	● 三个网络各不相同	25	

（2）观察者对网络空间几何形态的变化具有很高的敏感度。表2中，网络几何形态特征描述大体可分为三类：第一类是与此前网络密度计量相关的描述，如"路口少节点远""路径短促"等；第二类涉及网络路径的形态，如"路径平直""曲折""转折明确"等；第三类则描述了网络的微观形态变化，如"尺度一致""宽窄相间""宽窄变化大"等。这些主观描述显示出空间体验者能够感知并记忆细微的网络几何形态变化，而这些变化在传统的以平面图分析为基础的网络研究中往往被忽视。当前，在城市街道网络空间形态研究领域，除密度指标外，对于网络几何形态的其他复杂变化仍缺乏有效的量化描述手段。上述实验发现一方面显示出了城市空间几何形态描述方法的不足，同时也为今后该领域的研究提供了方向。

（3）参测者的拓扑性描述主要涉及网络的易辨识程度，其空间判断与可理解度指标紧密相关。这也进一步解释了为何相当一部分参测者认为三个网络各不相同。由参测者所使用的描述词汇可以看出，对于具有最高可理解度的网络C，大部分参测者认为其"方向感更好"，同时网络"清晰"；对于具有最低可理解度的网络B，人们则普遍认为其"易迷失"，并"多死胡同"；而对于可理解度介于二者之间的网络A，认为其"易迷失"与认为其"导向性强"的参测者人数相近，形成了两种相互对立的看法。此外，网络可理解度指标的高低同时也影响了人们对网络空间的综合感受。对于高可理解度的网络C，人们更多使用诸如"有趣味""空间丰富"等积极词汇描述其总体空间感受；而对于可理解度较低的网络A、B，人们则倾向于使用"压抑""无趣味"这样的消极词汇概括体验过程。

调查问卷中网络主观描述归纳统计表　　　　　　　　表2

		网络 a		网络 b		网络 c	
		出现频率	描述	出现频率	描述	出现频率	描述
几何性描述		11	路径短促	7	分支多	14	路径连续
		7	节点均匀	6	路径短促	12	路口少节点远
		5	尺度一致	3	宽窄相间	9	尺度舒适
		4	路径平直	2	路径平直	7	曲折
		3	曲折	2	曲折	5	宽窄变化大
		1	路径连续	1	密度高	2	边界不齐
		1	密度高			2	平缓
						1	转折明确
						1	密度低
频率总计		32		21		53	
拓扑性描述		6	易迷失	7	易迷失	7	方向感好
		4	导向性强	5	多死胡同	3	清晰
		1	无提示性	2	稍有辨识性	1	连通性不好
频率总计		11		14		11	
综合性描述		3	无趣味	4	压抑	10	空间丰富有趣
		2	压抑	2	无印象	5	空间感受好
				1	真实	1	可见性好
						1	空间感受差
频率总计		5		7		17	

虚拟现实空间认知实验表明，街道网络形态能够直接影响人的城市认知。同时研究通过对参测者主观描述的分析，初步解析了这种空间认知产生的主观过程。该实验使我们对于人的空间认知机制具有了更深的理解，这一方面将促进城市空间形态分析技术的深化和拓展，同时也可作为参考依据用于城市街道空间设计，使城市空间更加舒适和人性化。

2.2 实验二：空间认知的验证实验

经过第一个实验，已经可以验证空间在人们对一个聚落形成认知的过程中的重要作用，同时也验证了VR技术在研究这一领域时的有效性。因此，在2013年，虚拟现实实验平台升级，实现了对虚拟环境中人的运动轨迹进行实时跟踪，并开始利用VR实验平台对具体的中国传统村落空间特征展开研究。研究对象为皖南传统村落的代表——西递古村落。

西递的街道可以依据公共性、功能性和尺度分为三个级别：主要道路、次要道路和生活性巷道（图6）。主要道路包括大路街、前溪街和直路街，其功能是作为城镇内部的交通疏散路径，祠堂建筑以及商业设施多集中在这些道路两侧，同时这里也是社会活动的主要发生场所；次要道路联系大面积的住宅组团并具有混合的生活性功能；生活性巷道是建筑与建筑之间的巷弄，提供入户连接。西递的道路大部分都是曲折的，只有少数祠堂两侧的巷道是直且狭窄的，街道路口以丁字形路口为主。

利用空间句法对西递街道网络进行分析（图7）。轴线图（图7a）表现了西递路网的拓扑整合度。路网中心区的轴线是大路街、前溪街、直路街相连的部分。轴线图呈现出明显的拓扑中心性，整合度的等级从中心向边缘递减。（图7b）是西递路网的VGA图示，宏观角度下，三条主要道路具有相对高的视觉整合度，显现出了和轴线图相似的空间整合度特性。同时它也揭示了街道空间中微观的视觉整合度变化。

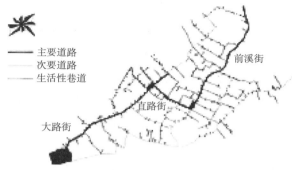

图6　西递道路等级示意图

主要道路
次要道路
生活性巷道

前溪街
直路街
大路街

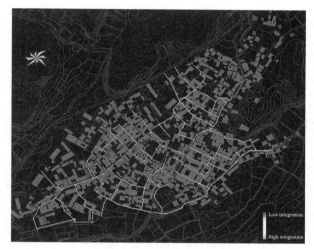

（a）西递轴线分析图

Low integration
High integration

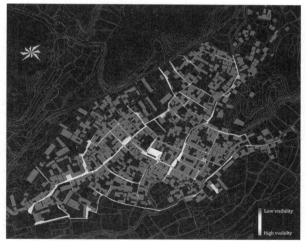

（b）VGA

图7

Low visibility
High visibility

研究将虚拟现实的实验方法应用于西递城镇实证研究，本次实验共招募76名参测者，对虚拟西递进行体验并提交了调查问卷。

（1）轨迹跟踪

参测者的运动模式体现了人在空间探索中的行为逻辑，并进一步揭示了人的内在认知机制。

实验的起始点被设定在村口的主入口，模拟外来人群视角下的城市空间体验过程。54条有效轨迹被记录，将这些轨迹导入Arc GIS并进行密度分析，即可图示出每条街道被穿越的频率（图8）。

尽管实验仅保留了空间因素而去除了真实城镇中的商业标识与标志物等非空间因素的影响，但人流密度的分析结果仍呈现出和真实村落商业分布类似的结构特征，表明人的运动不仅受功能因素驱使，同时还受到空间本身的影响。

在此基础上，进一步研究空间形态如何影响人的行为模式。比较人流密度分析图（图8）和轴线图（图7a），拓扑结构和行为模式之间呈现出相似性：大部分整合度高的街道同时也是人流密度相对高的街道，例如大路街和前溪街；而整合度低的街道是参测者很少穿越的道路。这验证了拓扑结构对空间认知和行为具有影响，并被空间句法理论支持。但在村落的某些局部区域，人流密度与轴线图的预测结果并不相符（图9），进一步比较人流密度和VGA来探究其原因。

图10比较了各街道节点上的人流密度与VGA，用来分析节点形态特征对参测者行为的影响。在大部分节点上，参测者选择的路径方向通常具有较高的视觉整合度；而在各个具有均等视觉整合度的节点，人流分布则较均匀。研究进一步提取了轴线图和人流密度分布有差异的节点进行分析（图10），尽管一些支路在拓扑结构上有较高的整合度，但是拐角处可视性的缺乏使参测者选择了相反的路径。

分析结果表明，空间运动在不同尺度上同时受拓扑结构和节点空间形态的影响。

（2）调查问卷

问卷内容如下：

请从以下描述中选择符合您对虚拟城镇街道感受的词汇。

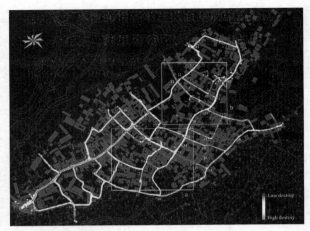

图8 人流密度分析图

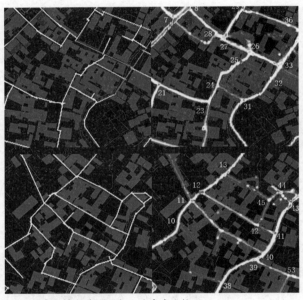

图9 局部区域轴线预测与人流密度比较

①您感觉虚拟城镇的街道宽度

A. 很宽阔　B. 比较宽阔　C. 正好、舒服
D. 比较狭窄　E. 很狭窄

②您感觉在虚拟城镇里走

A. 很好找方向　B. 比较好找方向　C. 还可以
D. 比较容易迷路　E. 特别容易迷路

③您感觉虚拟城镇的街道

A. 非常曲折　B. 比较曲折　C. 正常　D. 比较平直　E. 特别平直

④您感觉虚拟城镇的街道

A. 很有特点　B. 比较有特点　C. 一般　D. 比较普通　E. 很普通

⑤您对虚拟城镇的总体印象

A. 很有意思　B. 还可以　C. 有点无聊

选项分等级设置，参测者选择最符合自己空间认知的选项。实验最终获得有效反馈问卷76份，图11所示为对问卷选项的统计分析结果。大部分参测者（54%）认为虚拟城镇的街道宽度比较狭窄；48.7%的参测者感觉在虚拟城镇里走比较容易迷路；57.9%的参测者认为虚拟城镇街道比较曲折；42.1%的参测者认为虚拟城镇的街道比较有特点；51.3%的参测者认为虚拟城镇很有趣。可以看出参测者对虚拟西递的空间结构具有相似的空间认知判断。

2.3　认知地图

实验最终获得了46份认知地图（图12），尽管每份地图的表达形式并不相同，但都呈现出了相似的特征要素。分析这些地图可以总结出影响参测者产生空间记忆和创建空间地图的依据。

图示特征要素可以分成三类，包括节点、转折和参照物。节点被使用的频率最高，出现在22份地图中；20位参测者依靠参照物，如建筑、广场、溪流、树木等来记忆街道网络并绘制地图；17份地图中，参测者绘制了一系列的转折来描述探索过程。一些参测者同时依靠两种要素来记忆街道结构。

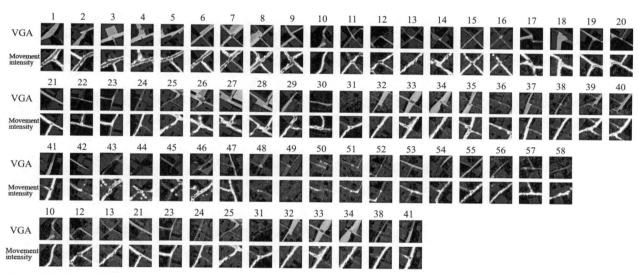

图10　特定节点人流密度和VGA的比较

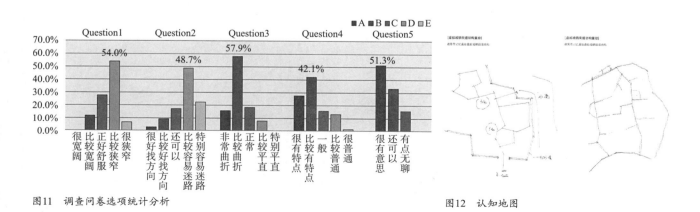

图11　调查问卷选项统计分析

图12　认知地图

通过实验，我们可以得到三个主要结论：

（1）人的空间运动同时受到拓扑结构（整合度/可达性）和节点的空间形态特征（可视性）的影响。

（2）虽然不同参测者体验的空间区域和顺序并不相同，但对这种自发生长的城镇具有统一和明确的空间认知。

（3）节点、转折和参照物是认知地图形成过程中的关键要素。

3　结语

上述实验，一方面向我们说明了村落空间对于人们认识一个村落，辨别它的地区特性，记忆它的独特魅力具有重要的作用；另一方面也验证了VR实验在传统村落的地区特性研究中的有效性。利用VR实验对村落空间认知开展的研究是一项基础性的研究，但也为村落的保护更新实践提供了非常重要的理论支持、评价方法与技术支持，具有重要的理论方法意义。

基于"地区性"传承的城市设计策略[1]

孙诗萌

清华大学建筑学院助理教授

各位专家、前辈，大家好！非常感谢大会提供发言的机会。我想结合自己的研究，谈谈对城市地区性的认识和思考。

1 对城市"地区性"问题的重新关注

1996年，吴良镛院士在国际建协亚澳地区会议上提出"地区建筑学"的构想。他指出，地区建筑学不是一种创作流派，而是希望倡导一种思考方法，即研究和学习地区建筑内在的综合逻辑，进而创造兼具时代精神与地方特色的建筑（吴良镛，1998）。当时对人居环境"地区性"问题的关注更偏重于建筑层面；20年后的今天，就我国城镇化发展的现状与趋势而言，对城市与区域"地区性"问题的关注同样必要而迫切。

1.1 现状与问题

从我国城市的基本特点来看，大多数是千百年来长期建设形成的历史城市，其中又以中小规模城市为主体。这些城市在各不相同的自然山水环境中，经过长期的建设经营，形成了丰富多样的物质空间特色与历史文化传统，今天仍不同程度地保存着各历史时期形成的遗产。这种普遍存在的地域性特色构成了我国城市面貌的基调。

然而过去几十年的快速城镇化进程中，这些中小规模历史城市的发展在取得巨大成就的同时也暴露出不少共同的问题。《国家新型城镇化规划（2014-2020）》（2014）指出了30年来城镇快速发展中存在的"六大矛盾"，其中就包括"自然历史文化遗产保护不力，城乡建设缺乏特色"的矛盾。该

---

1 本研究受国家自然科学基金（51608292）、中国博士后科学基金（2014M550737）资助。

规划直言："一些城市景观结构与所处区域的自然地理特征不协调，部分城市贪大求洋、照搬照抄，'建设性'破坏不断蔓延，城市的自然和文化个性被破坏。"这说明，不仅仅物质环境本身的特色遭到破坏，更甚者是观念层面的破坏，即对中国几千年来凝结的与自然和谐共生、因地制宜的文化传统与规划设计理念的遗忘。不少中外学者也不约而同地指出："中国城市的规划建设缺乏对自己文化特色和文化根基的考虑。"（张松，2001：63；W·C·斯德沃特，1999）

1.2 机遇与挑战

从近年来国家关于城镇化发展的相关政策来看，已透露出一些重要的思路转变：其一，中小城市未来将是城镇化的重点和主力；其二，要高度重视城市的自然山水环境、历史文脉、地域特色等问题；其三，要重视城市人文环境的规划建设，"发掘城市文化资源，强化文化传承创新，把城市建设成为历史底蕴厚重、时代特色鲜明的人文魅力空间"。2013年中央城镇化工作会议以来，"望得见山，看得见水，记得住乡愁"成为全国人民共同的期盼。习总书记说："乡愁就是你离开这个地方后还会想念这个地方。"而从建筑学与人文地理学的角度来看，乡愁正是"地区性"的综合体现。上述的思路转变，其实都与城市的"地区性"密切相关。保护山水环境、传承历史文脉、彰显地域特色，将成为我国大多数中小规模历史城市未来发展的关键词，既是挑战，也是机遇。在此背景下，重新阐释城市的"地区性"意涵，思考基于"地区性"传承的规划设计策略，具有重要的现实意义。

2 中国历史城市的"地区性"特征与规划设计原则

西方学界关于建筑与城市"地区性"的研究，最早伴随现代主义思潮而产生，20世纪80年代随着全球化趋势的加剧而再次兴起。人文地理学领域关注"地方感"、"地方性"等概念，如段义孚（Tuan，1977）提出地方感与地方依恋，关注人地互动关系；Relph（1975）认为"真实性"（authenticity）是形成地方性的核心，"非真实态度"（inauthentic attitude）则导致了"无地方性"（placelessness）的产生。建筑学领域关注场所精神、乡土主义、地域主义等概念。城市规划领域更多地从城市历史中认知其地区性，关注遗产保护、城市复兴等议题。吴良镛（1997）指出，"城市建设与建筑文化的地区性是一条内在规律，是多种源流文化的综合构成"。单军（2010）指出，城市的地区性指"城市作为一个相对稳定的地区空间范畴，在既定的历史时段内，与该地区自然和社会人文环境的某种动态、开放的契合关系，并且由于具体条件不同，其表现方式、复杂性及程度存在差异"，自然性、人文性和历史性是城市地区性的基本构成因素。

2.1 我国中小历史城市"地区性"的共性特征

就我国中小规模历史城市群体而言，其"地区性"则存在一些共性特征：

其一，自然性。特别强调城市与自然山水环境的和谐统一，强调在"山水"之中建构城市。故我国历史城市的空间形态特征在很大程度上依托其自然山水环境特色而形成。

其二，历史性。这些城市历史发展过程连贯，大多在稳定的选址上世代经营，长时间积累起丰富的物质文化遗产和历史文化特色。

其三，艺文性。城市营建强调与自然山水的审美构图关系，并在营建过程中伴随着文学艺术上的凝练与总结，形成独特的艺文传统。深受古代文人影响的规划设计，使中国城市的地区性表现出显著的人文化、艺术化特征。

总体而言，我国中小历史城市的"地区性"特征突出表现在城市营建与自然山水环境和历史人文传统两方面的互动上，又因不同地区的自然与人文特点而表现出丰富的地域差异。

2.2 "地区性"传承的规划设计原则

城市地区性形成的核心是人与地的互动关系。如图1所示，人通过对自然环境的选择、改造，在其中建立起聚落、城市等人工环境，同时形成了人类自身的历史与文化。城市的地区性在这一过程中初现并累积，往复而叠加。它最初表现为应对自然的"自然性"，历代叠合而表现出"历史性"，又在发展与对比中延伸出"当代性"（图1）。

理解城市在自然与历史的交互作用中形成的地区性，是我们理解城市之过去的关键，也是我们思考城市之未来的必需。特别是那些历史悠久、底蕴深厚、遗产丰富且数量庞大的中小历史城市，它们的规划设计不仅要解决生态保护、经济发展、社会公平、环境提升等问题，还必须关注地方文化、地域特色的保护与传承。为此，我们需要关照城市"地区性"传承的规划设计策略。当然，这里所说的"地区性"不是一种抽象的、审美的、猎奇的特殊性，而是祖祖辈辈在漫长的真实生活中创造并沉淀出的普遍性。保护并延续这种"真实"是地区性得以延续的关键。

为此，我们需要坚守以下原则：其一，真实地对待地区的自然环境与资源。需要对当地自然山水环境与资源有充分的了解，保持尊重、珍惜、节制的态度，而非不加识别、不可持续地发掘与利用。其二，真实地保护与呈现城市演进的历史。不仅仅是其物质环境的"外壳"，还包括世代持续经营的过程与精神，即通过物质环境的展现，让后人还能理解前人的文明，理解不同时代人们看待人居环境的态度。其三，真实地面对当代的生活与需求。城市的历史不应当成为今天发展的障碍，但只有解决今天的需求和问题，"地区性"才可能获得真正的延续。

3 "地区性"传承的规划设计策略：以永州为例

永州，正是前述具有浓厚地域特色的中小历史城市群体中的一员。近年来，随着地方政府对当地历史文化认识的加强，一方面积极申报国家级历史文化名城①并加强对城市历史的保护，另一方面也在思考如何在未来城市建设中延续其地方文化与特色。正是基于这一现实需求，我们从"地区性"传承的角度为其提出规划设计的具体建议。

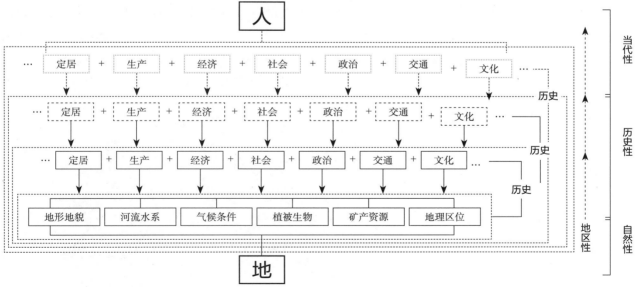

图1 城市"地区性"的生成模型

---

① 2016年12月永州已被国务院正式公布为国家级历史文化名城。

3.1 永州城市的"地区性"特征

永州位于湖南省最南端，与粤、桂两省接壤，地理上属于典型的丘陵地貌，南承五岭山系余脉，覆盖潇湘流域上游，位于零祁盆地中心。永州古城（零陵）的历史最早可上溯至汉武帝元朔五年（公元前124年）建置的泉陵侯国，它最早确定了沿用至今的城市选址，即潇、湘合流处附近潇水环绕的东岸的三座小丘（即东山、万石山、千秋岭）之间。东汉以后，该城成为统县政区治城，历唐宋明清逐步扩建形成今天的古城规模与格局。

从前述自然性、历史性、艺文性三方面来看，永州古城的"地区性"特征主要表现在：其一，古城所处自然山水环境外有群山环抱，内有潇水回弯、三山限定，形势特色鲜明。故城市营建完全依托山水条件，形成了南北长、东西窄、两端收束的不规则形态。城市功能布局与标志性建筑选址也都呼应山水格局中的形胜要处。其二，永州古城两汉初建，唐宋定基，明清充实。选址历两千年稳定不变，建设范围从倚三山为城到纳三山入城，逐渐扩展，形成了丰富的历史文化遗产。其三，唐宋士人在永州的城市营建、风景发掘、文化环境塑造与文化传统建构等方面均做出了重要贡献，如柳宗元创作的《永州八记》使永州风景全国闻名，元结题朝阳岩、汪藻建玩鸥亭等为永州地区的"山水营居"建立了范型等（图2）。

3.2 延续"地区性"的规划设计策略

从永州历史城市的地区性特征出发，遵循前述三项真实性原则，我们提出具体的规划设计策略。

首先，选择适宜的城市布局方式与形态，延续几千年来与自然山水环境的和谐共生。

永州古城的空间特色，一方面在于其多山多水、山水环抱的自然环境特色，另一方面在于历史上人工建设对这一自然环境的尊重与依赖。然而20世纪90年代以后城市开始迅速扩张，先在古城外围发展，后跳跃至30km以北的冷水滩建设新区。旧城、新区的规划建设，都未充分尊重自然本底，而是削平起伏的地形，铺满均质化的方格路网。随着人口的增加，城市的发展与扩张或许不可避免，但完全可以选择一种更加尊重自然山水特色的空间布局方式，如采用小尺度的组团式布局，通过合理控制组团规模"显山露水"，为延续山水城市的空间特色留有余地。

第二，保护并充分展现城市的历史性山水空间结构，延续其山-水-城空间特色。

城市历史保护的内容和对象，不仅包括少数相对完整的历史文化街区和文物保护单位，更应包括不同历史时期叠加形成的城市整体空间格局。在永州这样的历史山水城市，其营建过程表现为人们对自然山水环境利用与改造的过程；其整体空间格局

图2　永州古城的历史营建过程

表现为不同历史时期塑造的山-水-城空间结构的叠合。"三山一水"是这一格局的核心，也应该是当代保护与展示的重点。

对"三山"地区的保护与展示，应包括两个层次：其一是对自然山体本身完整性的严格保护；其二是对该地区历史上布局特色的延续。自唐代以来，三山及山麓地带就一直是衙署、祠庙、学校等公共建筑的用地；民居、商铺则多在潇水沿岸分布。建议将三山整体划定历史文化公园，并适当延续历史上的公共功能特色，将弃置用地改造为博物馆、纪念馆等文教公建。对"一水"地区的保护与展示，重点在于古城滨水段及其两侧延长线上的重要节点。古代永州城的交通、防御、用水、景观皆仰仗潇水，故各类风景名胜和建设遗存也多分布于潇水沿线。未来规划设计中尤应重视滨水地区，一方面，保护好滨水的古民居、古街巷，改善基础设施，延续"滨水而居"的古城特色；另一方面，对滨水的城墙城门遗址进行保护与景观提示，部分重要城门楼节点如望江楼、玩鸥亭等可象征性复建，以重塑古城的完整性。对城外潇水沿线的历史古迹如朝阳岩、回龙塔、香零阁等，在保护之外还宜规划水上游线，增加新的滨水开敞空间，延续山水城市特色。

第三，着力整体文化环境的塑造，延续历史文化特色，兼顾当代文化需求。

永州历史上有着重视文教环境建设的悠久传统。一方面因为永州与道德始祖舜帝、理学鼻祖周敦颐的深厚渊源，使永州人怀有道德之乡的自豪感与使命感；另一方面，许多曾在永州做官或谪居的唐宋名士，以他们的事迹与作品对当地文教传统的建立产生了重要影响。今天，这种重视文教的地方传统依然保持，甚至成了地方优势。无论从"地区性"传承还是资源优势发挥的角度来看，永州都应当采取更积极的文化策略，加强整体文化环境的塑造。

这一文化环境的建构应包含三个层次：①改善并增加公共文化设施。除增加博物馆、美术馆、演剧院等公共文化设施外，宜结合地方文化特色增加主题性的文化公建，如摩崖石刻博物馆、贬谪名人纪念馆等。这些设施不仅旨在满足本地居民的文化需求，也成为吸引旅游、传播地方文化的新文化景观。②结合地方文化产业的发展，规划集中式的主题文化园区。地方文化产业指对地方历史文化资源进行创造性提升与商业转化的文化产业类型（郭鉴，2007）。永州的许多传统工艺如零陵香、异蛇酒、竹制品，艺文产品如书法、石刻艺术品等都具有提升转化的潜力。此类文化园区可以在古城区内依托历史建筑分散布局，也可以在古城区外选择适宜用地集中建设。③依托自然山水脉络与历史文化资源点，建构以文化休闲旅游为主要功能的"文化空间网络"。永州古城区现有全国重点文保单位5处、市区级文保单位33处、挂牌历史建筑134处、历史文化街区2个以及散布山水之间的风景名胜点多处。这些资源点类型丰富，但分布零散，缺乏联系。建议通过特色文旅线路（如"古城遗韵之旅"、"潇湘风光之旅"、"贬谪追思之旅"、"摩崖书迹之旅"等）、文化绿道等整合散点，形成网络（图3）。

4 结语

今天谈到的"地区性"问题，从宏观、理性的角度来说，是一座城市历史文化传承的大问题；但从微观、感性的角度来说，是生活在城市中的每个人都有切实感受的"地方感"。地方感的本质其实是"认同"：认同一座城市，认同一种传统，认同它的价值，也认同我们具有传承地方文化与价值并在前人的基础上发展、推进当代地方文化的责任。认同的结果是"激发"，激发出每个人自觉地、自发地传承与创造。芒福德曾说，城市是教育人的场所。我想，客观的地区性和主观的地方感，恰恰是形成这种教育的媒介。作为城市的规划设计者，我们需要更深刻地理解城市的"地区性"，并为传承、延续这种"地区性"而努力。

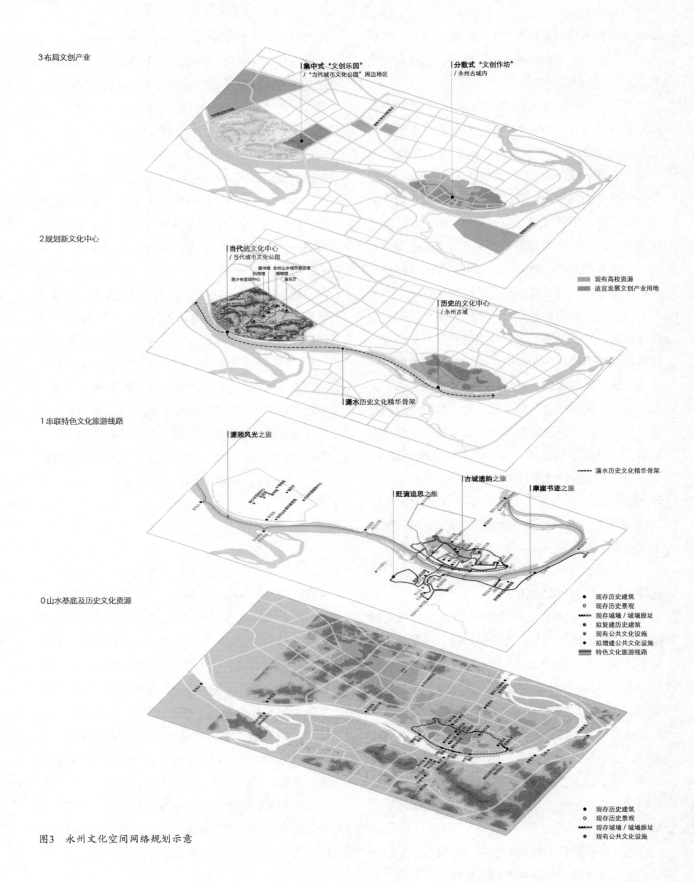

3 布局文创产业

集中式"文创乐园"
/ "当代城市文化公园"周边地区

分散式"文创作坊"
/ 永州古城内

2 规划新文化中心

当代的文化中心
/ 当代城市文化公园

青少年活动中心
科技馆
图书馆
永州山水城市展览馆
博物馆
音乐厅

历史的文化中心
/ 永州古城

潇水历史文化精华骨架

现有高校资源
适宜发展文创产业用地

1 串联特色文化旅游线路

潇湘风光之旅

贬谪追思之旅

古城遗韵之旅

摩崖书迹之旅

------ 潇水历史文化精华骨架

● 现存历史建筑
○ 现存历史景观
⌇⌇⌇ 现存城墙 / 城墙原址
● 拟复建历史建筑
● 现有公共文化设施
● 拟增建公共文化设施
▬ 特色文化旅游线路

0 山水基底及历史文化资源

● 现存历史建筑
○ 现存历史景观
⌇⌇⌇ 现存城墙 / 城墙原址
● 现有公共文化设施

图3　永州文化空间网络规划示意

参考文献

[1] 吴良镛. 乡土建筑的现代化，现代建筑的地域化[J]. 华中建筑，1998（1）.（原为"当代乡土建筑——现代化的传统"国际学术研讨会主旨报告，1997）

[2] 国家新型城镇化规划（2014-2020）. 2014.

[3] 张松. 历史城市保护学导论[M]. 上海：上海科学技术出版社，2001：63.

[4] Tuan, Yi-Fu. Space and Place: the perspective of experience[M]. University of Minnesota Press. Minneapolis. London, 1977.

[5] Relph. Place and Placelessness[M], 1975.

[6] 吴良镛. 建筑文化与地区建筑学[J]. 华中建筑. 1997（2）

[7] 单军. 建筑与城市的地区性：一种人居环境理念的地区建筑学研究[M]. 北京：中国建筑工业出版社，2010.

[8] (清)刘道著修，钱邦芑纂. 永州府志[M]. 北京：书目文献出版社，1992.

[9] 郭鉴. 地方文化产业经营[M]. 杭州：浙江大学出版社，2007.

[10] 芒福德. 城市文化[M]. 北京：中国建筑工业出版社，2009.

实 · 践 · 篇

PRACTICE

建筑的"实在感"

刘燕辉

中国建筑设计院有限公司党委书记、
副院长、总建筑师

大家上午好，非常荣幸能被邀请来参加今天的研讨会。我其实并没有专门研究过地区建筑，所以今天想谈一些自己实在的感受。

首先，在地区建筑的话题中有一个"条件"的问题。不论在什么地方做项目，"条件"都是首要的。当然，主观和客观的条件是并行的。如何尊重这些条件来实现更美好的愿望，是很有必要讨论的问题。第二，建筑师在实践的过程中会有许多困惑，特别是像我们这样来自一线的（特别是在国企里面的）建筑师，要承担很多创收的任务，就会有很多无奈，不像学术型的建筑师有更大的发挥余地。第三，在"条件"中如何创造"条件"，是我们努力的一个方向。

今天我想用两个案例——北川和玉树，来谈谈我的体会。它们也属于地区建筑的一种类型。这两个项目并不发生在一个渐变的城市环境中，而是在一个突变的环境中。北川，我们做了2年；玉树，我们做了3年。在座的很多专家都参与过这两

个项目。它们的特点是灾后重建，是特定"条件"下的设计。灾后重建面临的任务很多。其中物质重建的部分是最直观的，确实非常重要。精神层面的重建，其实不是建筑师们能够完成的。如何通过建筑师的努力，通过物质重建帮助精神重建，特别是秩序的重建，是非常值得探讨的问题。下面，我想就如何在这样一个宏大的历史条件下完成这两项工作，分享一些体会。

1 北川灾后重建项目

新北川的规划设计，由两个中字头的院共同承担了大量工作：中规院做城市的总体规划，我们院做具体的建筑设计。当然，实际项目很多，还有很多建筑师都承担了工作。我主要承担的是居住建筑，这是最量大面广的类型，共100万m²，也是灾后重建中最能体现党的关怀、祖国的力量的部分。

北川是中国唯一一个羌族自治县。在这个羌族

自治县中还有其他少数民族，比如有300户回族。因此，我们特别做了一个回族组团，来满足少数民族中的少数民族的需求。

在北川有很多纪念性的大建筑，也有很多小建筑。我们院承担了很多其他大师挑选后的项目。一个城市的实现除了有精彩的部分，还有很基础的功能部分，比如消防队、公共厕所，甚至拘留所、监狱等，都是我们来完成的。这些建筑按规划可能分别只有700～800m²的面积，且要求有相对独立的工作空间。我们将不同功能综合在一起，进行了适当的整合，使城市能够呈现比较完整的形态。

为了给受灾群众提供生产资料，政策规定每户居民应当有4m²以上的营业面积来保证他们未来的生存。所以我们做了沿街商铺的设计。还有幼儿园，我们特别重视灾区孩子们进入到幼儿园之后的感受。

新北川是异地重建项目，又是羌族自治县，这是一个很大的特点。所以，它的创作就像是在一张白纸上作画，这与后面要讲到的玉树项目有很大不同。我个人体会，有时一张白纸也并不容易写出最新最美的文字，而一团乱麻的现状在很多情况下也未必做不出好文章。这一点在这两个项目中有明显的体现。

北川重建的时候正值2008年北京奥运会。当时我们国家的国际地位并不像现在这么稳定。那时发生这样一场大灾难，又面临奥运会，其实对全国人民而言都需要一个提振精神的过程。所以在这些项目中，我们特别突出了国家特色，不仅是为了建造一些房子，更是为了民族自尊、自信的提升。在这样的背景条件下有这样的应对是很必要的。现在，大家在反思鸟巢耗费大量的钢材是否必要。如果只建一个普通的体育场，奥运会当然可以开，但是全民的精神能否振奋起来就是个问题。北川的建设集全国之力，在很大程度上对奥运会的成功举办做出了很大的贡献。

100万m²的住宅都是用最简单的形式——五六层的砖混住宅来完成的。北川和玉树这两个大项目建成后，在建筑学领域的评奖中，几乎所有重要建筑都有获奖，唯独居住建筑没有获奖，因为它太一

般也太特殊了。这当然也有很多现实的原因，比如在北川住宅设计定案的过程中，很多专家对结构体系、户型选择都给出了很好的建议，但确实因为时间有限，为保证两年内建成，不让灾民流离失所，所以按时完成比艺术上的提升更重要。六层砖混住宅的技术难度很低，但同时同地建设这么多的房子却是难于上于天。统计表明，同时建造这些住宅需要4亿块砖。震前砖的价格为0.24元/块，震后则为0.36角/块；再加上运费，经济上不可行。4亿块砖，如果以1m高、1m宽的方式摆放，要从北川摆到成都了，可想而知难度很大。所以我们也采取了很多技术措施，较好地完成了这项任务。

在这项工作中，有以下几个值得讨论的问题：①城镇除了物质基础，还有精神属性。虽然物质建设可以很快完成，但精神层面的内涵在短期内却很难形成。即使到今天，北川也未必达到我们当初的设想。②城镇的可持续发展需要"居民参与"。自主、自建的城镇才称得上是"家园"。北川实际上是我们创造的一个家园，它到底能否真正成为羌族自治县的羌族老百姓的家园，还有值得商榷的地方。③借鉴国际重建经验，形成"社会财产+个人财产"的互动模式。④建设标准应实事求是，分清轻重缓急。一个"不完美"的城镇或许才是"完美"的过程。⑤城镇的文脉不是靠简单的建筑符号传承下来的。

在北川的建设过程中，我们遵循了以下的基本原则：①贯彻党中央国务院提出的"安全、宜居、特色、繁荣、文明、和谐"十二字方针。②贯彻社会公平原则。在面对是否设计新户型的问题时，我们考虑仍然采用最成熟的户型来满足抗震救灾的要求，这样对社会公平性也会有比较好的体现。建房容易分房难，分房标准的制定同样以社会公平为指导原则，并严格执行。最后，取得了较好的效果，包括县长也在现场摇号来取得自己的房子。③贯彻"羌风羌貌"原则。震前大家对羌族的了解并不多，这一次大地震客观上反而对羌族文化有了很大的弘扬。④贯彻"红花绿叶"原则。⑤贯彻节能、

省地、环保原则。⑥建立国家救灾机制。到目前为止，我国还没有救灾法。我们凭着一腔热血来做，在方法层面研究得较多，但在法律层面却有缺失。

2 玉树灾后重建项目

北川重建刚刚完成，玉树又发生了地震。五年时间，我都在救灾工作中。北川能告诉玉树什么？北川重建从城市规划、城市设计到建筑设计与施工，形成了一套完整的经验，但很多对玉树重建却并不适用。

玉树的重建工程，仍然是中规院主持规划，我们主持建筑项目落地。我们到玉树后，规划已经形成。北川的救灾模式是每个省份对口援建，而玉树是四个央企来做。原因是玉树地处高原，每年施工期仅三个半月，没有高原经验的人没办法完成工作。这些央企原来都是修建青藏铁路、大坝水利工程的，对民用建筑缺乏经验。因此，他们要求建造"排排房"，统计灾民总数后就要施工。我们到玉树后发现，即便是建18层的楼房，数量也很大，这样做下来可能就不是玉树、不是结古镇了。于是我们采取劝说的办法，特别是在尺度把控上做了很多工作。救急是必要的，但一个城市长远的发展也是必须要考虑的；城市的山水格局、城市肌理、空间形态这些，都是规划师对我们的具体要求。所以我提出了"救灾中的救灾"的概念。

玉树震后的情况确实比较惨烈，一片废墟。新玉树建成以后，情况大大改观。

我主持的沿河的康巴风情街有1km多长，形成了整个新玉树的第一道风景线。在玉树，政府也确定了十大公建项目。这个项目当时没有列入，但是实际建成之后，大家都认为它应该是第十一大建筑，因为这个项目与老百姓的生活密切相关，而且真正给玉树带来了风景。

玉树与北川的不同之处在于，它是全国唯一没有实现土改的地方，所以它的土地是私有的。像北川那样统一规划、统一建设的方法在这里行不通，

而且玉树有很多活佛，他们的势力很强，我们不可能动他们的土地和财产。这条风情街共有106户原住居民，当时我们每天与这些原住民就他们的要求与城市整体规划进行协商。最初我们去的时候遭到了围攻，他们认为我们来是侵占他们的土地的，质问我们为什么要这么做。最后，这106户集中在一起开会，我们把规划和建设的蓝图给他们看，106个手印按下去，全体起立鼓掌5分钟。我们作为建筑师也受到了很大的鼓舞。州委书记评价说，我们"用技术的手段解决了很大的社会问题"。

照片中最上面一座有金顶的房子就是一个活佛的家。地震中其他房子都倒塌了，只有他的房子丝毫没有损坏。他要求我们不许碰这个房子，施工时掉一块瓦也不行。这给我们的设计工作提出了很大的挑战。这个活佛在当地很有势力，我们在工作过程中考虑到民族政策，努力处理和他的关系。建成以后，他和我们已经变成朋友了，我们每次经过，他都会邀请我们去喝茶。建成以后，他自己加了金顶。我们做救灾设计不会有这么豪华的构件，但是他加上金顶以后对整个街景也起到了很好的作用——活佛也帮了我们的忙。

这个地区有14m的高差，在坡地上整合商业和居住，有一个逐渐完善的过程。设计中我们考虑了康巴风格，在建筑符号方面作了很多研究，也得到了当地活佛的认可。他们认为我们使用的符号和材质都是比较到位的。

扎曲河和巴塘河是结古镇的主要河流。如果当时布置很大尺度的排排房，这种传统的尺度感肯定就要消失了。我们特别用打碎的建筑体量来体现整体的协调。现在看来，还是比较有效的。

作为新城市、新家园、新玉树，如何在其中体现自豪感、归属感、认同感，是很重要的问题。我觉得要有本土设计的概念。崔恺院士在我们院倡导"本土设计"，也得到了业界的认同。本土设计与地区建筑，还是有很内在的联系的。

今天因为时间关系，我就谈这些体会。谢谢大家！

小有所乐

周 恺

全国勘察设计大师
华汇建筑设计有限公司总建筑师
天津大学建筑学院教授

大家好，老师们好，同学们好！前两天我迷迷糊糊地答应来参加这个会，来了才知道是个很专业的会。大家都讲得很专业，我就放几个小房子，讲点故事，给大家轻松一下。我做的这些小房子，也和地区建筑有点关系，都是在不同地区的房子，有不同的应对方式。汇在一起，题目就叫"小有所乐"。

1 "十九集美"

第一个是个街巷空间，在厦门集美。19个小地块沿着湖边，有很好的湖景。甲方很有想法，希望找19位建筑师做19个小房子，目前已经完成将近10个。他们一开始就找了我，在07地块。我的旁边都是知名建筑师，比如刘家琨、齐欣、崔恺等。我的地块夹在中间，很小，只有3000m²。规划是由我们公司的总规划师黄先生完成的。他考虑到建筑师在一起做设计需要协调，解决办法是每个房子之间隔10m宽的树带，再加上体量控制，就不会有明显的风格冲突问题。

我这个小建筑取自厦门的陶艺概念。我去过厦门多次，厦门给我的印象是浪漫、小、复杂、有点乱。我想把这种感觉做到这个房子里，而不是把它变成北方的房子。这块地本来就不大，退了线就更小了。我把它切成五条，有四个缝，人可以从中穿过，沿路走到河边。沿横向的路可以走到周边的两个院子，庭院穿插其中。我希望模拟街道的小尺度，所以建筑刻意做得比较曲折、随意、随机。从河边看过去，进来之后形成容器一样的一个一个的盒子，中间介入一些庭院。沿着中间的通道可以一直走到河边，有大开间的阳台，对着比较好的风景，可以在这里喝茶、聊天。建造方式也很简单，内外都是小模板打出来的。

这个甲方很浪漫，他给每个建筑师的任务书就是一个小盒，里面有一把扇子，还有一个纸卷，里面写了很多诗，再往下找才在竹叶下面找到一个U盘，里面有一些信息。这是一个学中文的甲方。

方案里，我们做了屋顶花园，可以看到对面的水景。里边的空间也都是很小尺度的。我们现在对小尺度很感兴趣。现在的建筑做得越来越大、越来越宏伟，但总觉得和人越来越远。我们希望建筑的尺度能更加精准。做小建筑的好处自然不用说，比如容易控制等。但是做小建筑基本是要赔钱的，因为中国的设计收费是按面积计算的，只要面积够大，多难都可以挣钱，但做小房子，给多少都会赔钱。所以，做小房子的建筑师基本都是凭着兴趣去做。

我们做了半地下室的展厅。因为限高10m，有些展厅就放在半地下。甲方提出一个很有意思的方法，在每个人的房子里放一个书吧，都是不同专题。来这个书吧需要把几个房子都遛到才能看全。这也是吸引人流的一种方式吧（图1、图2）。

2 南京佛手湖艺术家工作室

这是2004年在南京的一个比较小的集群设计。我大约参加过10次以上的集群设计，成功的例子有，不成功的也很多。这个项目，十几年才把房子都盖起来，目前在策划展览。除了大的公建请Hall等人做，其他每个建筑师做一个500m²的房子，大家抓阄分地。甲方很有眼光，20个小房子的建筑师里面已经出了两位普利兹克奖得主，一位是妹岛和世，一位是王澍。

这儿的风景实在太好了，我抓的地也特别好，在一个山坡上。真的觉得什么都不盖才是最好的。所以我们希望把它藏起来，融在自然环境里面，于是做了一个从路面往下走的房子。虽然材料、细节等没有完全做好，但是大的理念基本都实现了。从室外进来是向下走，有点隐居的感觉。建筑本身就像一个容器一样嵌在山坡上。这是打开之后的样子。

盖的过程非常艰难，5个民工慢慢地干，最后实在不行就抹灰、刷涂料。当时做过各种混凝土染色试验，都不太成功，所以最后干脆抹灰刷白，形成了现在这样一个小白房子。从地面上看它就像插

在地面上，和地面相齐平。里面有个小的合院，人们可以躲在这个缝里偷窥，后面是Hall的四方美术馆。正好我这个房子低下去，他那个抬上去，大家可以看到全部的风景。这个房子很难拍照，因为一边没有立面，另一边又在水中（图3、图4）。

图1 "十九集美"

图2 07地铁设计模型

图3 南京佛手湖艺术家工作室设计

图4 南京佛手湖艺术家工作室设计

3　青海玉树格萨尔广场

刚才刘老师讲到玉树、北川这两个项目，我们也都参加了。我这个项目就挨着刘老师的风情街。

如果说刚才是江南那种优美的、安静的风景，青海则完全不同，是一种大美。结古镇位于三条河流汇集的地方，我要做的就是中间的广场。边上是当地的格萨尔王的塑像。这个地段的周边和方位都不能动，只能抬高，并要求做一个格萨尔王纪念馆。我们把基座升高后，在基座下面进去的地方藏了一个展览馆。基座上面所有的装饰、浮雕都是当地的藏族艺术家做的，我们表达的就是整体的态度。

在此之前做过几个别的方案。最开始做了一个很荒唐的方案，我们想做一座山，山的最高点与雕像齐平，把房子隐在里面。但这个方案第一次就被"枪毙"了，因为我们犯了当地的忌讳：他们觉得三角形就是诅咒。另外，他们要转经，所以一定是方形或圆形比较好。我们就放下了建筑师的所谓的"趣味"，回到团城的概念。

之后的方案是围着格萨尔王隆起的一个圆形地面，大家可以围着它转。于是我们的建筑变得更简单，不用去表现自己。我们希望这个建筑就像从地面长出来一样，可以看到断面底下藏着展览馆、档案馆等一些配套建筑。后来，中规院打电话来说还是要把角打开，因为这是城市的一条大的转经道。打开之后就对着山上的结古寺，这条通道正好形成建筑的入口。

图5　青海玉树格萨尔广场（1）

图6　青海玉树格萨尔广场（2）

图7　圭园工作室（1）

图8　圭园工作室（2）

建筑语言上我们不希望它过于形式化，而希望使用当地的材料和建筑方法。因为在海拔4000m以上施工已经很艰难，如果将很多材料从内地运到西宁，再用火车运上来，会是一件非常麻烦的事。我觉得能给灾区少添点麻烦一定是对的，所以我们就用当地的石头来做。因为有抗震要求，我们在里面打了混凝土的板，外面再用石头砌起来。这些材料和当地的护坡用的材料是一样的，就是山上取来的石头。施工就是以当地藏民为主来垒。当地的光线特别漂亮，变化很多，非常过瘾。

4　圭园工作室

下面这个是现在我自己做的一个设计。这个小房子很小。做的时候中间是空的院子，现在雾霾太严重，我们就把它封上了，留了两个洞变成了一个带天光的展厅。原来是想做一个有很多洞的光的盒子，里面有3个楼梯，如果不太留神会迷路，还蛮好玩的。装修特别简单，就是刷白墙。这个房间在白天根本不用开灯，因为天光很充足。里面光线的变化特别多。

5　石家庄正定新区规划展览馆

最后一个想说的项目，是正在建设的石家庄正定新区政府对面的房子。我们做了图书馆和规划展览馆。甲方当时提出两个要求：一个是要有拱；一个是要有老厂房的感觉。我理解就是纺织厂高侧窗的斜向光。目前在石家庄做的拱大都是偏装饰性的，我希望做一个真的混凝土的拱，不用网架、桁架、钢结构来做。这是和路易斯·康学的，方式不完全一样，但是受到了很多启发。拱的跨度可以做得很长，刚开始的方案中是27m，后来做到了35m。这个建筑也是用清水混凝土来浇筑的，外层做保温，之后用40cm宽的条板包起来。我当时以为甲方不会接受这个方案，因为没有政府要求的大台阶等。但是他们的领导班子认为这个方案特别有趣，全票通过。他们说会带着孩子走进去，认为这是石家庄的规划馆，不是别人的大盒子。

我们尽量把自然光线做好，也请了灯光顾问专门做灯光设计。大厅的跨度很大，有高侧窗的感觉。通道临湖，另一侧比较矮，是给市民使用的会议、临展空间，比较活泼。我们想把建造的真实性暴露出来，包括受力的感觉，而不是做过多的装饰。这会使这个建筑更像这座城市的建筑，用他们的话说是要唤起市民的自豪感。板材实际上藏着大量的设计，因为要一次性浇筑成型，所有的细节都要很仔细，包括灯如何布置等。

因为时间关系，我就讲这些。有点凌乱，大家多见谅。谢谢！

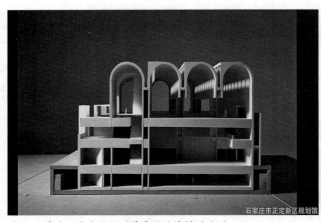

图9　石家庄正定新区规划展览馆设计模型（1）

图10　石家庄正定新区规划展览馆设计模型（2）

条件与参照：一个院子的空间记忆

王 路

清华大学建筑学院教授

大家下午好！很高兴来天大参加第二届地区建筑研讨会，也见到了许多老朋友。听了各位老师的报告，发现多多少少已经把我要讲的内容讲掉了，所以我可以讲得简短一点。

条件和参照，在我的建筑学认知里，是两个重要的话题，虽然它们可大可小。刚才王昀老师讲了"参照"，张玉坤老师其实讲的是"条件"。转型，也可以理解为条件变了。建筑离不开土地，刚刚王昀老师提到要掉眼泪的土地。这块地可以在北方，可以在南方，可以在一个具体的地点。该地点拥有的条件是该地区建筑生成的重要因素。而在别处，别的地，由于地方条件的变化，建筑也会有所不同。因为我们的世界由各个地区所组成，所以呈现出了丰富多彩的类型与风貌。所谓"条件"，气候的、经济的、技术的等各种各样，它们是建筑生成的基本因素。不同的时空有不同的条件。刚才王昀老师讲他想造一个美术馆，但没有那么多钱，他造不出来，受经济条件的制约。

那么，参照是什么呢？参照就是借鉴，就是为我所用。建筑师在做设计的时候需要有灵感，有创意，有办法。在学校时，我们听老师讲历史与理论，听各种讲座，翻杂志，或者出差旅行，看古今中外的建筑作品，实际上都是在找参照，储备那些对我们有启发的东西，化作记忆，在你今后的建筑创作中，你还能够想起，有那么一些你喜欢的东西，和你现在做的事有某种相似和关联性。还以王昀老师为例，我们一起在西溪湿地做过一个艺术家工作室的项目，王昀老师研究聚落，他对聚落有偏好，所以他把在布局上艺术家工作室做成了一个村子，一个由不同的功能单元集合而成的艺术家聚落，这就是他的一个参照，他做设计的一个起点。再举一个例子，张雷老师给成都樊建川做的"文革反右馆"设计。张雷把"右"字反转，做成了"反右馆"的平面。每个人做设计的时候，都有他自己的一个参照体系和思维逻辑，他参照的那些东西实际上都不是他自己发明的，它们早就在那里，像王昀老师给大家展示的那些土地，那些等高线，都是自然现存的。建筑师其实不用像哲学家那样苦思冥想地去思考，更多的是要去发现那些已经存在在那个地方的东西，依据现有条件对它们进行调整或重新组合，然后以一种新的面貌再现出来，这就是设计。大家知道罗西，他说，做一个建筑就是在激发他的一个记忆。他会把许多旅行和阅读时的所得编成一个个条目并记在脑中，创作时再想这些记忆中的东西和他当下要解决的问题有哪些部分具有相似性（similarity），从中获得启发。

早年我在浙江天台山设计过一个博物馆，从而与天台山也结下了不解之缘。我很喜欢天台山的一些寺庙，尤其是国清寺。国清寺是日本和韩国的天台宗祖庭，是我所有跑过的汉地佛寺里最喜欢的一

图1　庐山西海江西美院

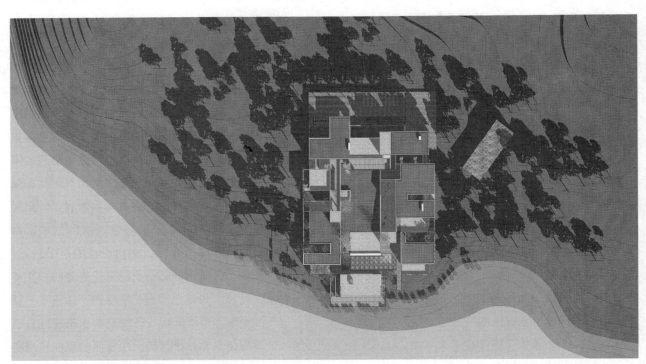

图2　庐山西海江西美院总图

个寺庙。山环水抱，层层叠叠，浓荫蔽日，大院藏小院，别有天地。其实中国传统建筑中无论是宫室还是庙堂，大抵如此，有各种各样的亭台楼阁，这些个体被墙和廊道巧妙地连接在一起，构成了一个完整的大院。院中的廊子各种各样，比如沧浪亭里的复廊，拙政园中的爬山廊，山林佛寺中的侧廊，它们联系空间，界定空间，也丰富了空间层次。

"参照"实际上具有某种普适性的价值，正因如此，我们才能够把它拿来用作设计参考。比如说院子，北方的四合院，南方的天井，或山西的大院，它们都是院子，但因为所在的地理环境不同、气候条件不同，院子的大小和形态也各不相同。这也让我想到了"时区建筑"的概念。"条件"在社会发展的进程中不断变化，所以地方建筑也不可能固守不变，一个地方的空间和时间赋予地方建筑以基本的特征。

最后和大家分享两个设计案例：我和单军老师、李晓东老师，应邀参加庐山西海江西美院的专家招待楼的设计工作。专家楼可以住宿，有餐厅、展览、小型会议空间，也有工作室、学生宿舍等，大约1500m²。我做的那个楼在湖边的一个坡地，面对湖对岸的一个山谷，风景很美。基地里还有很多石头和果树。我的设计实际上是按照对寺庙、对中国院子的理解，在特定的地方用当地的石头做了一个现代的院落，房子虽不是很大，但大院套小院，亭台楼阁，依山接水，是一个有山地寺院意趣的当代构型。设计的参照是我心中的天台山国清寺。

另一个例子是湖南耒阳毛坪村浙商希望小学。正好今年咱们天大的校友梁井宇老师担任第15届威尼斯建筑双年展中国馆的策展人。他选了我们这个希望小学参展。这个学校是一个30万块钱建的一个小学，在湖南一个相对贫困的山村，由村民参与建造，已经用了9年时间。

图3　天台国清寺（1）　　　　　图4　天台国清寺（2）　　图5　毛坪村希望小学二层走廊

图6　毛坪村希望小学

平实的建造

张鹏举

内蒙古工业大学教授
内蒙古勘察设计协会理事长
内蒙古工大建筑设计有限责任公司董事长

平实建造，既是态度，也是策略。

平实建造是个人在地域实践当中的一个具体转译。

从身处寒地和北方的地域性角度看，气候是理性的建筑师必须面对的地域因素，同时，北方长期处在经济边缘的地位也必然在创作思维中留下印记，两者叠加，"平实"地解决问题不论是从建筑的真实性还是从建造的可能性方面考虑都应是适宜的选择。从可持续的角度看，对待有限资源和现成资源的建造，自然应具有"平实"的特征，当然，这也是当地民间建筑的传统智慧给予的生态启示。[1]

以下是相关联的具体设计实践。

1 场地感应：沙漠中的建筑——恩格贝沙漠科学馆

项目位于库布齐沙漠的边缘，是一座集展示、研究、学术和旅游为一体的综合性建筑，总建筑面

积约为7200m²（图1～图3）。

恩格贝沙漠科学馆的基地被选定在面阳的坡地上，前方是未经治理的浩渺沙漠，背后则是延绵纵横的大青山脉。基地本身原为沙漠化地貌，但经过近年的种植治理，现今已有了较大改善，拥有一定程度的绿化植被。整体而言，恩格贝沙漠科学馆所在的基地是一个有着特殊自然景象的场所。因此，设计的原始起点是：在建筑与场地之间建立起适当的形态联系，这需要建筑师首先对环境做出感应。

每个地域的原生建筑均有其适宜的形态，这种形态是长期契合其所属地域环境条件的结果。调研发现，当地人喜欢使用土坯盖房子。这是一种地域性的生土建筑，在这里世代流传。在经年的雨水冲刷之后，这种土坯房屋自然地形成了满布冲痕的形态，就像从大地中长出来的一样，极富本土气息。同时，这些本土的房子映射着许多传统的智慧。例如同大多数北方地区的民居一样，使用单坡屋顶，但由于降水量较小，因而起坡也较小，内部空间尺

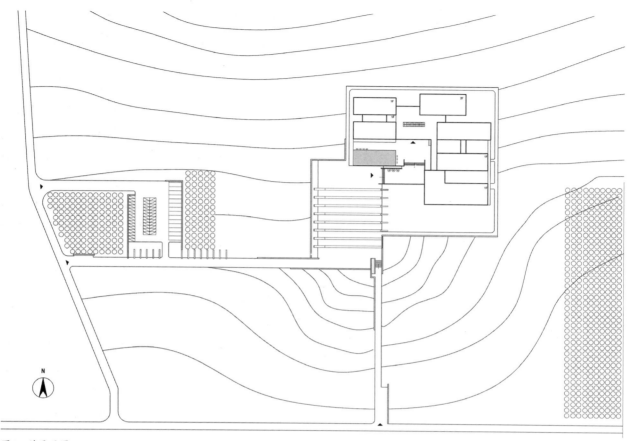

图1　总平面图

图2　从南侧看建筑

图3　入口前院子

度适宜、均衡；实际上，这种单坡的挑檐很好地结合了太阳高度角，综合解决了冬季取暖和夏季遮阳的需要。又如房屋的南向窗户尺寸非常大，而北侧则为小窗或无窗，这种开窗方式使得房屋在寒冷的冬季可收集充足的阳光，提高室内的温度。此外，由此构成的群落呈现出特定的形态特征：南向虚而通透，有着丰富的阴影；北侧实而厚重，体量

感十足。

在这种地域场力的感召下，方案抛弃了许多沙漠流线体的决策提示，诉诸一种民间的建造智慧——延续当地的建造文化并满足新功能的要求。

站在基地向北望去，大青山连绵的轮廓线显得非常生动，同时场地的自然地平线也清晰有力。若此间一定有筑，则应是夹在两线之间，铺陈在坡地

之上，于是，在一种挥之不去的大地情怀下，我们隐约看见了阳光下一片黄土泥墙的"村庄"，一种"似曾相识"的群落形态。

设计将建筑体量平实地分解、正交，平伏于大地上，并嵌埋于背景大青山的轮廓与自然坡地线之间，最大程度地保留基地的特征，由此造成动线在体量间连接、光线在体量间穿行、风在体量间流动，进而获得高效的空间、明晰的方位和朴素的风格，并自然产生生态节能的效应。同时，建筑外墙采用传统的土黄色水刷石做法，进一步与基地环境融合，力求表现一种平实的建筑品相。[2]

2 形态生成：森林边上的建筑——罕山生态馆和游客中心

项目位于内蒙古通辽市北部罕山林场的入口处，建筑依据功能分为生态馆和游客中心两个体量，生态馆用于展示和研究罕山的生物多样性，建筑面积约3600m²；游客中心则用于发展旅游，主要功能为餐饮和住宿，建筑面积约5000m²（图4～图6）。

应对寒冷天气、材料运输是设计面对的主要问题，当然，在其之上，生态绿色是本项目必须践行的核心原则。设计分析显示，在本项目的形态生成逻辑中，主要包括基地逻辑、功能逻辑和材料逻辑三个层面。

在应对基地的逻辑中，靠坡而埋是较为有效的解决策略。经过比较，在兼顾了适度隐藏建筑体量而不影响景观的前提下，基地选择在林场管理用房北侧一片微树林背后的山坡前。山坡面积不大，分前后两处。建筑体量顺势按功能进行分置，前后错位靠埋。山坡坡度较缓，为更有效地应对寒冷的北风，建筑体量尽可能紧靠多埋，尽量减少裸露在外的外墙面积。上述做法自然成了所有形态策略的基础：建筑形体自然呈向上收缩的退台状，并自然向阳，随山体等高曲线布置。生态馆功能独立，面积

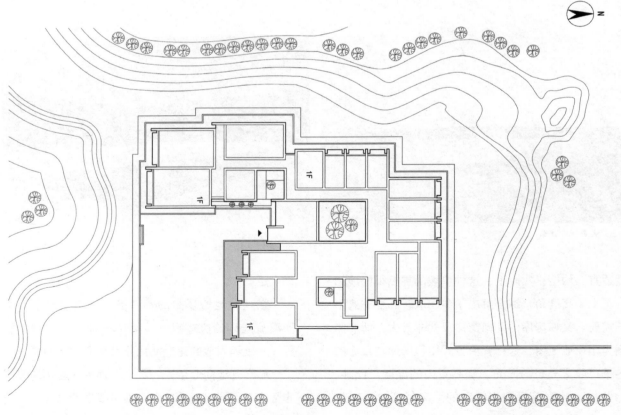

图4 总平面图

图5 西部局部

图6 西侧小庭院

相对较小，靠依在前面较小的山坡上，游客中心和定位监测站则靠埋在后面较大的山坡上。

在应对功能逻辑的形态生成中，分别处理了采光和动线的组织，首先是大空间后部的自然采光问题。相对于设置内院，更有助于保温节能的策略是开设顶部天窗。为配合曲线状的形体，天窗设为圆形，并根据各处的空间功能，大小各异。由此，整体建筑形成了顶部大大小小的球形玻璃罩，它们与曲线的形态浑然一体，构成了建筑的另一特色。在不同的时间，其表情各有不同。它们或透明，或反光，时而晶莹剔透，时而又轮廓分明，为相对厚实的形体增添了灵动的表情。其次是建筑的动线，它决定了内部的空间形态。对于沿坡错位后退的体量，垂直方向的动线联系是设计的关键。设计采用了折回型台阶加坡道的做法：对于生态馆，转换高度尽可能采用坡道，使其成为展厅的一部分，组织成连续的展线。游客在观展的行进中慢慢登高，又不经意间慢慢回到起点；对于游客中心，台阶和坡道并用，它们连接了位处不同层的餐厅、休息厅和会议室。"之"字形上升的台阶形式又渲染了空间的气氛，增加了空间的趣味，同时，它们与山体的特征一致，与人进入建筑时的爬坡体验同源。

在应对材料逻辑的形态生成中，设计尽可能运用在地自然材料。一般情况下，大量山体挖方需要外运。此处的山体由土和碎石混合构成，且石

多土少。而表皮仅两三厘米极薄的土层在挖方时很难收集，因此，最终覆埋屋顶和恢复环境植被又需要外运优质土以便能长草如初，这无疑也会增加建筑成本。设计采用的做法是分离土方为土和石，土用于覆埋屋顶和恢复环境植被，碎石用于建造。进一步踏勘又发现，碎石粒径约5～10cm，且硬度不高，不宜作混凝土骨料，除部分用于基础外，大部分唯建筑表皮可用。表皮最简易的生态用法是不加处理，直接附贴于表面。设计比较了砌筑和网笼两种做法后认为：砌筑表皮需要较大的厚度，会增加各层的荷载，且石头还需挑选，用量较大，同时石头与退台上层的屋面交接处，保温和泛水都不易完成；网笼则可克服上述缺点，做法是用镀锌钢构件与墙梁连接，外挂不锈钢网笼，分层放入碎石。在此，为增加与墙体结合的整体性，在与墙体的连接处随碎石的放置分层灌入水泥砂浆。经上述做法后，建筑与山坡浑然一体，且自然淳朴，分层的网笼石又强化了随山体等高线而成的水平曲线，蜿蜒律动，并提供了近人的亲切尺度。[3]

3 材料建造：黄河边上的建筑——乌海市黄河鱼类增殖站及展示馆

项目位于内蒙古乌海市，是一座水利枢纽的配建工程，建筑面积1876m²（图7～图9）。

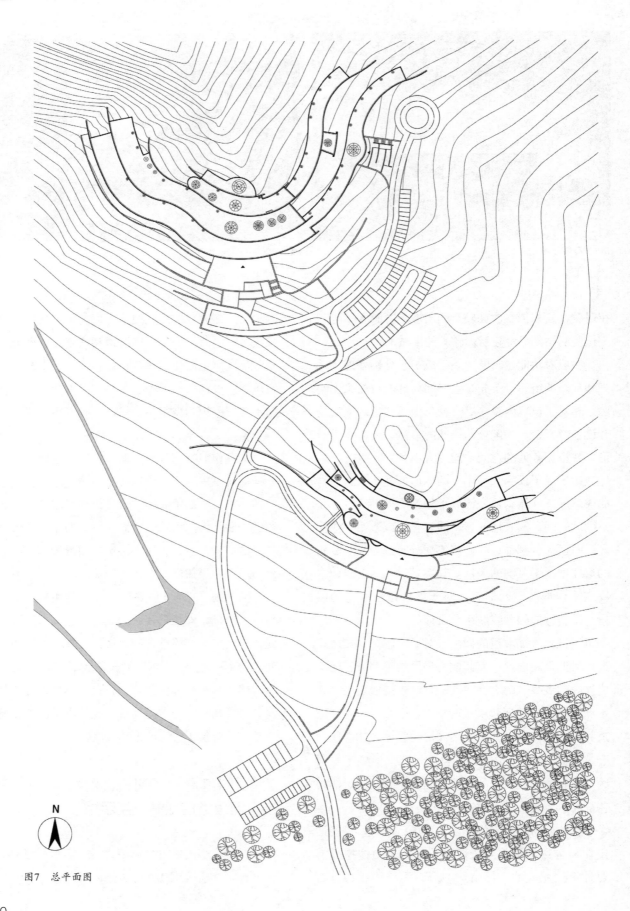

图7 总平面图

图8　生态馆与游客中心全景（上）

图9　生态馆局部（下）

该项目是一个生产功能与展示功能兼容的建筑。对于生产者，空间仅需适配"工艺"即可；对于展示功能，则需考量人的感受。同时，脆弱的基地生态环境需要谨慎布局，而隔河离开城市的建造活动需要选择适宜的手段来应对材料和大型机具不便供应等问题。当然，以生产为主的功能性建筑不可避免地要面对建造成本问题。

与环境适配成为设计的首要问题。首先，建筑选址于两排防沙林之间，不对现有树木造成影响；进而，建筑选择"隐"的策略，用较低矮的一层建筑略呈南北狭型布置，并适度打散体量，化解形体的分量感。隐藏建筑，意图有二：一是从城区隔河相望，建筑融于树丛中，不增加突兀感，不破坏河滩背靠沙漠的特有景观意象；二是身处建筑中，可以从心理上远离城市喧嚣，增强置身于自然之中的感受。房间的布局与两个因素有关：朝向和对景。除了主要房间向南的必然选择外，其他方向的房间均向着长势相对繁旺的单株或成丛树木，这导致重要房间的

开窗均落地，从室内望出去，可获得清晰的画面感。建筑色质的选择，出于进一步增加与环境的融合度的考虑，取接近环境整体的暖灰色调，同时用河中卵石点缀的方式作进一步强化。因而，这栋建筑背离了业主的一般诉求，不呈现"地景"式的姿态，而试图赋予其丰富体验感的"地境"特征。

在此基础上，设计关注最多的还是建筑的建造问题。建造的关键词之一是真实，而真实的建造又诉诸手段与空间感知的高度合一。经过比较，设计选择了红砖。红砖在符合环境色分析的前提下，其质更为温暖朴实，其表皮质感与结构逻辑的一致性能够很好地传达真实感，进而拥有持久的生命力和伴岁月而生的生命感，真正实现与人、与环境有机融合的整体性。同时，砖的造价也在可控的范围之内，其近乎手工操作的施工特征又照应了机具不便的客观现状。砖的建造逻辑是墙和拱，在满足房间向阳和取景诉求的情况下，整体结构就自然成了一组组由内向外垂向四周环境的墙体，由此衍生出的组织逻辑又契合了建筑未来生长的需求；墙体上的开洞是大大小小的拱，它们随洞口的功用和墙体的强度改变自身的形状和尺寸。有趣的是，由此而生的性格暗合了黄河沿岸上游的窑洞的建筑特征，而建筑呈现出的整体格局又与附近源于取暖防寒的民居形态不谋而合。为获得上述效果，设计采取了一系列构造措施，如将保温材料置于墙体中间，墙的顶部用铝板压覆加以保护，整体地面施工为不污染一次砌筑成活的墙体而采用了留缝处理等，这些细部做法自然又强化了建筑已有的气质特征。[4]

4 秩序整合：遗址中的建筑——盛乐古城博物馆

项目位于内蒙古境内北魏盛乐古城遗址旁边，是一座专题性的小型博物馆，建筑面积2800m²（图10～图12）。

建筑处于多元的背景之中，由此引出以下问题：遗址中的新建筑如何延续环境意象？特定的建

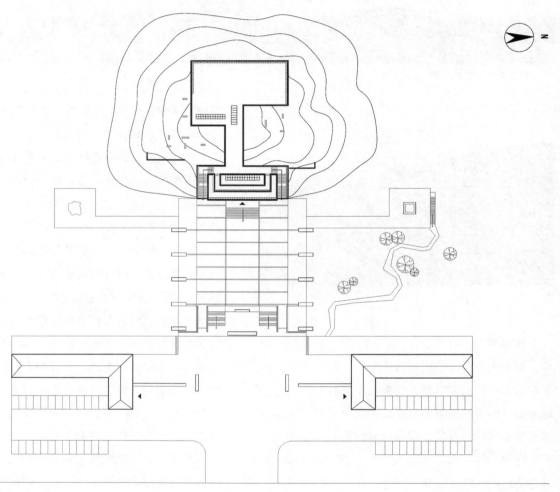

图10 总平面图

图11 从东南向看博物馆

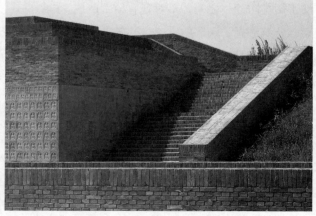

图12 局部

筑如何表现主题？有限的资金带来的建造和运行的困难如何在设计中解决？场地中的众多要素如何整合？

首先是整合环境秩序，以动态的眼光看待遗址保护，首先面临一个再造新秩序的问题。我们把这种创造审慎地界定在一种既有环境要素的整合上。就功能而言，将古墓开放，纳入到新建筑的展线之中；同时，展线作进一步延伸，切入到古城墙内部，通过玻璃通道，人们可以看到古遗址的结构年轮（因种种原因未能实现）；烽火台成为馆前广场用来营造氛围的一个人文景点，并对空间构成围合；结合地形、下沉体量，使屋顶可以轻松登临，形成眺望古城遗址的最佳视角。至此，形成了从内到外，从上到下，从文物到实景的多层次展示平台。另外，保留了基地入口处的考古工作站，通过整合作为博物馆的附属用房。

其次是塑造文化个性，个性源自环境，同时也源自内涵。就环境而言，基地中的有形元素暗示了一种"城"、"台、"墙"的意象。这些特征引导了建筑风格的走向：青砖墙体形成纯净的几何体叠加，透出雄浑的性格。就内涵而言，在挖掘博物馆艺术主题的过程中，北魏石窟中千佛洞的震撼氛围给我们以启示，而佛学正是北魏文化的重要组成部分。为此，建筑用一种自制的"佛像砖"作为形式和空间的肌理，传递特定的表情。此外，这种表现从形体到表皮都是现代的，明确彰显了时代的气息。

第三是探索适宜技术，上述在环境整合中的资源利用和个性塑造中的简约风格均同时来自于经济上的考量。然而，对于经济问题，仅有针对建造层面的策略还不够，从建筑的全生命周期看，运行费用的节约同样重要。基于此，在设计中还着重采用了平实的构造技术，而它们又一次促成了形态的持续演变，总结有：覆埋、双墙和光缝。建筑体量的覆埋，减少了外墙饰面材料，增加了建筑保温性能，延续了草地，保护了生态环境；建筑外围护结构采用双层墙体，进一步减少了能源消耗，组织自然通风，并利用内层墙体的凹入，有效组织展位，节约了二次装修的费用；在建筑的屋面开设采光缝，导入自然光线，在有效展示文物的同时节约了照明的费用，同时，它们在地面上的构造处理犹如散落在草地上的石头，传递了一种草原式怡情般的人文景观。

在多元背景中寻找创作的平衡点，有效地整合环境的各种要素，在形式的背后，探索理性的生成逻辑。与此同时，所有的策略都是平实的，这缘于新建筑的朴素形态对遗址意象的尊重，缘于简明的时代特征的彰显，缘于有限资金的建造考量，也缘于绿色生态的持续品质。[5]

5 结语

以上设计都是平实的建造，也是真实的建造。平实源自真实，真实又源于对建筑本体及其与环境和使用者的关系的平实理解，进而采取适宜的建造策略。最终，不论是环境适配中的从场景到场境，还是本体建造中的从风格到性格，都是源自人在使用中的场所需求。

参考文献

[1] 张鹏举. 平实建造[M]. 北京：中国建筑工业出版社，2016：008.
[2] 张鹏举. 分解、正交、嵌埋——恩格贝沙漠科学馆的设计策略[J]. 建筑学报，2012（10）：56-61.
[3] 张鹏举. 生成：罕山生态馆和游客中心设计[J]. 建筑学报，2016(09)：76-83.
[4] 张鹏举. 平实建造——乌海市黄河鱼类增殖站及展示中心设计[J]. 建筑学报，2015(03)：56-63.
[5] 张鹏举，张恒. 盛乐古城博物馆[J]. 建筑学报，2008(03)：57-59.

日本季节与风景营造

川添善行（日本）

东京大学建筑系副教授

大家好，我是东京大学的川添善行，很高兴来到北京。

老实说，我上周在北京参加了我姐姐的婚礼，中国建筑和风景的美丽给我留下了很深的印象。虽然中国建筑与日本建筑相似，但建筑、景观和风景的关系与日本有点不同。今天，我将解释日本的一些建筑理论，并介绍我研究的一些案例和项目。现在我在东京大学的研究生院教建筑设计，是那里最年轻的教授之一。

现代建筑理论来源于欧洲建筑理论，在18、19世纪被传播、翻译到日本并引起讨论。在1960和1970年代，我们开始讨论地形、景观和城镇，这成为一种理解景观的方法，而不是在景观中创造或设计事物的理论。我主修建筑学理论，与此同时，我也在景观领域进行尝试，因此，我研究关于建筑与景观的关联的理论。

山本学治（Yamamoto）认为19世纪是"前现代"时代，20世纪产生了设计现代建筑的思想，他否认历史和过去的背景，认为建筑应该是纯粹的、更尖锐的。他认为："如果说20世纪是更抽象的现代化，那么21世纪应该是更实际的现代化。"我也认为新世纪会有所不同，21世纪有许多事情需要考虑。

我每天都带的笔记本，左上角有我从加拿大带回的枫叶，右边是印度的一片叶子，最底部是日本的樱花。它们的形状各不相同，自然界产生了基于不同地域的形状。这是一件伟大的事情，使我们由此反思21世纪的建筑设计理念。

我们来看日本的风景。日本北部积雪很厚，所以有特殊的仓库形式（storage）。有的地方夏天气温很高，冬天则有大雪，所以街上的建筑有屋檐，夏天的时候为行人带来阴凉，冬天时则为人们遮蔽风雪。根据不同地区的气候、习俗和地方特色，每种风景都有自己存在的逻辑。

德国地理学家Köppen绘制了描述世界气候的地图。但它不是通过区分温度或湿度，而是通过研究植物的形状来绘制的。高树意味着热带气候，而矮树丛则意味着干旱地区。我想，我们建筑师可以讨论同样的事情。我的态度是：要看风景，要理解景观，要描述世界，这是我研究设计的基本态度。

1 冲绳地区

第一个例子是在冲绳，它拥有非常美丽的大海，但这里经常受到台风的袭击。我在这里作研究有3个理由：一是非常美丽的风景，二是非常美丽的食物，三是非常美丽的酒，就像中国的白酒。保持美丽的风景是一种文化。这里位于热带，气候炎热，每年都会受到台风冲击。它的乡土建筑是传统形式的，作为民族遗产不应改变。我的假设是这种景观是用来控制风的：在正常的夏天，居民希望风能带走屋内的炎热；但是在台风季节，他们又需要房子免于风的侵袭。房屋是木制的，所以它需要景观的庇佑（图1）。

对一所冲绳的典型民居，我们选择了一天中的三个时段进行了全面测量，之后我们在东京制作了3D模型。通过CFD模拟了正常的夏季时间和台风时间，我们得到的是一个结论，而不是任何单一的设计，这非常重要。这意味着屋顶的角度、墙壁的高度和树的安排之间建立起特定的关联，就能实现对风的控制——这是我了解景观的起点。

2 竹田

另一个例子是在九州岛。一座大火山形成了这个地区的丘陵地形。这儿有许多水稻梯田，过去在洪水地区种水稻是很困难的，它们需要一套水系统。我们可以看到有大坝蓄水，有石头做成的沟渠和渠塘。各式各样的水渠，从河里把水带到稻田里，形成了一个典型的水系统。我们在研究中画了一张地图（图2）：灰线表示山谷底部流淌着的天然河流，白线表示运河，即人工河流，它们通往山顶。我们追踪水稻梯田，显然，它们从白线处取水，把多余的水倒入蓝色区域内的水里，这就是风景的机制。我作这项研究是因为我被要求在这里设计一个小建筑，于是我到处寻找合适的选址。

在这个项目之后，我注意到有两种理解日本景观的方法。1975年日本颁布了一项条例，用以保护日本的历史地区和建筑物。因为在1964年奥运会之后日本有了很大的发展，因此政府制定了保护历史地区的条例。30年后，我们对重要的文化景观有了另一个规定，是联合国的一个框架。了解日本历史地段有两种方法，前一个更实际，而后者是基于人类的行为，例如如何收获等。作为建筑师，我们当然需要对保护自然建筑做出贡献，这种文化景观是未来创造一些东西的基础。

图1　冲绳传统建筑

图2　竹田梯田水系统分布图

3 佐野

这是一个在日本东部的项目。在20世纪上半叶，还有许多传统建筑使用日本传统纸，现在几乎没有了。由于制造传统纸张的工厂四处建立，景观也发生了变化。我请这一地区的最后一位工匠制作传统纸张以用于建筑，经过多次拜访终于获得了他的许可。我尝试了几种材料和施工方法，找到了更便宜的板和纸，并且尝试多次以确定它们可以达到的透明性（图3）。我们还由此想到了一种新的建筑体系：把纸喷在木板上，等待它干燥以后，变成了木质纹理的纸板。在这个项目之后，他们雇用了更多的工匠来制造这种材料。

4 佐世保

对于九州的态度也是如此。在过去50年间，这个地区造船业非常兴旺发达。直到近30年，由于越来越多的韩国和中国工厂的竞争，造船厂的数量不断减少。青山、碧海以及炼铁造船的声音，这些动态景观可能在10~20年内消失。我再次提议保留这些景观。

要改造的这座房子的主体结构是2cm的钢管，水在管子里流动。这座建筑不需要空调系统，因为当我们控制水的温度时，将能控制结构本身的温度，这样我们就能控制这座大楼里每种材料表面的温度。建筑内有400m长的钢管，普通的建筑木匠

图3 佐野项目

很难处理防水问题，所以我请了船上的工人制造这种2cm的钢管结构。我们检查了每个结构的温度，并设计了整个系统。这座建筑很舒适，因为控制了材料的表面温度，不再像使用空调那样需要关窗户，因为它形成了一个整体的辐射系统（图4）。此后，我又利用这一系统完成了一个无空调的宾馆的设计，将于今年7月开放。

5 海得拉巴

在印度，我被要求为海得拉巴印度理工学院的校园设计主图书馆。日本在20世纪60、70年代进口混凝土时并没有混凝土模板，当时的木匠使用雪松来制作模板（这在当时的日本是一种非常普遍和便宜的材料），所以混凝土表面就有了雪松树的纹理。这是从通用技术转变为日本当地材料的案例，于是

图4 佐世保项目

我想可以在印度做同样的事情。

在印度，模板通常是用钢做的，非常昂贵。于是我建议使用廉价的普通材料砖，并且这样做会让当地的砖厂受益，而不是全球钢铁生产商。我试着在东京用印度砖做出这种混凝土模板。我相信这会是21世纪的设计系统。这个图书馆将在2019年或更晚些时候竣工（图5）。

图5　海得拉巴理工学院图书馆方案模型

6　麦德林

我在20多岁时的第一个项目是在哥伦比亚的麦德林。当时的哥伦比亚很不安全，每次出行我都得带着武警。这个项目是一个图书馆。我设计了3个广场，广场中央有一个游泳池。一开始我设想那是一片安静而神圣的水面，但是南美洲人用另一种方式使用它——建筑开放的一天，很多街坊邻居过来，非常热闹。去年我又去了这里，它已成为一个非常安全的地方。我很满意。

图6　图书馆项目

7　东京

我要介绍的最后一个项目在东京。20世纪20年代大地震发生后，东京大学建造了主图书馆。我的项目是在旧图书馆前设计新图书馆。图书馆里面没有书，只是一些讨论区。在几乎达50m深的地下，使用了约2.5m厚的混凝土墙来抵抗洪水。水池下面的地下室，通过水来采光（图7）。由于广场上的特殊情况，设计方案被多次修改，比如一棵大树、一个重要的喷泉以及旧图书馆遗址的发掘等。这个方案成了今天的建筑师和历史上的建筑师之间的对话。

8　结论

通过这些项目，我想作一个总结。以前我受到的教育告诉我，设计是面向未来的，历史是过去的。但现在我认为，历史和未来是螺旋式前进的：了解历史就是设计未来，设计未来需要了解历史。

图7　东京大学新图书馆项目

我的观点是：在21世纪，我们不会继续20世纪的现代主义，但我们需要了解以前的时代，了解气候和景观之间更自然的关系。

在现代化之前，我们生活在自然和景观之中，而20世纪的工业化是由机器文明构成的。关于21世纪的地域建筑，我想我们应该找到平衡点，这取决于那个地区本身。也许在北京或东京的更右边，也许在乡村地区的更左边，但我们不会走向边缘。我们应该在这两个因素之间找到平衡点。

谢谢大家！

城乡之间

龚　恺

东南大学建筑学院教授、副院长

首先非常感谢一个多月前，单军老师邀请我来参加这个会议。我很乐意，但是今天我也吃了一惊，本以为是一小群人在会议室里坐成一圈互相聊聊，而不是现在这样在台上，大家都可以看到我的表情，在一群人中间可能讲话会自在一些。

我今天要讲的东西是比较偏个人一点，而不是宏大的叙事，就是我最近做的一些事情。今天的主题，其实对我来讲有很多事情是不确定的，比如今天我们谈地区主义，其实中国有两个词，一个叫"地区"，一个叫"地域"，英文中也有两个词，即regional或者vernacular，所以用哪个词其实意味着我们是"向前看"还是"向后看"，是谈设计还是谈历史理论。

我今天在这里见到很多老朋友和新朋友，我相信在这个机制里有一拨人是"向前看"的，有一拨人是"向后看"的，有人比较设计，也有人比较理论，所以我给自己起了个挺难的题目——"城乡之间"，希望两边都能搭边，如果在座的某一极多一点就谈另一极，另一极多一点就谈这一极，实在不行我就谈中间。就像冯巩说的，做"演戏里面说相声说得最好的"。所以定了这样一个"狡猾"的题目，叫做"城乡之间"。副标题比主标题还大，因为我对徽州调查研究比较久，所以比较偏徽州，但不全是徽州。

在中国，城乡差别是很大的。对一个做设计的人来讲，关乎他做设计的方法。我自己感觉，我做的很多东西都是自上而下的，但我感兴趣、在研究的东西，自下而上的会更多一点。这对我来说挺痛苦，我一直想找到一个"in between"。

1　创作

第一部分先谈谈我的创作。因为去年是我的工作室成立15年，要举行一个庆典，所以我要求工作室成员做了一个"城市"，意思是把我们这15年做的项目都拼到一起，这个"城市"是一个虚拟的城市。最初做这个"城市"其实是一种野心，我们觉得，把所有项目包括场地拼起来相当于半个南京城，规模相当大，而且我们好像什么项目都做过，学校、办公，甚至连殡仪馆都做过，唯独没做过监狱。后来我们想到曾经做过一个纪委约谈的办公室，大概算"准监狱"吧。

做这个"城市"的时候还是蛮自上而下的。里面含有一个标题叫"双城记"，因为我们工作室的实践基地，就是做项目的地方，主要有两个：一个是镇江，一个是徽州。这两个地方的项目我们做得比较多，在城市里做的和在乡村里做的很多是不一样的。我们的学生做的这个"城市"完全是一个虚拟的城市，但他们一轮一轮地做，按照相应的功能，还含有一定的合理性。我要求他们做完以后再做第二次建城，我希望是自下而上的。这个城其实可以按年代来建，比如我们最初的项目是什么样的，10年以后的项目是什么样的，15年以后的项目是什么样子的。所以说，这个城市虽然不存在实体，但它存在于我们心中，我们每年都会作积累。

这里挑了一个中性的项目，我可以正着说也可以批判性地说。这个项目在徽州，应该是2004年开始做，2005年完工，就是婺源博物馆。其实挑人居的项目会更合适，但博物馆的形象性、浪漫性的东西会多一点，所以在不确定今天这个主题究竟是浪漫一点还是理论一点的情况下，我挑了一个比较中性的项目。

因为建设的要求、碰到的甲方不一样，我们的设计过程可能完全不一样，会有很多想法提出来，但最终不一定能实现，所以要批判地看。最初他们想做一个在政府对面的项目，我们想"往前看"，给他们做得现代一点。于是，基地迁移，最终的基地是在我的建议之下他们确定的，选在婺源的祖先朱熹的墓那里，我觉得应该找块很特定的场地，这样才能体现所谓的地域性或特色。方案在后面的阶

段越来越"旺"，我们也与业主讨论所谓的可识别性、地域特征方面的东西，"往后看"的东西更多一点。这个项目还有二期、三期等，我们现在只实现了一部分，接下来还会继续做。这其实是我对它的一个批判性的思考。

2 教学

第二部分，我对地域的思考还有一个领域就是教学。在这个领域中会更多地对方法、设计、理论有所思考。我给研究生开设了专门的一门课，已经上了十多年了。在这门课上我想研讨的是"town"，也就是"镇"，每年的课都有一个基点，就是专门研究一个小城镇。这就是用自下而上的方法去做一点设计，让学生去研究、探索和思考。

3 测绘

第三个想说的事情是测绘。在徽州，我最初是带学生进行测绘，所得成果，我们每年都会出版。我是一个喜欢到野地里去的人，田野考察对我来讲很有意思，每年都会带学生去。

最初我们是从调查一座房子起步的，可能很多作民居研究的人都是这样，然后就到了研究一群房子，最后就是一个村子。最近一段时间做得比较多的是村落群，就是村落和村落的关系。我们会调查村子之间的婚姻关系，怎么相互刺激生长，包括姓氏上的关系。对村子的外围，这几年调查的就更多一些了。在徽州有个社会活动叫"舞龙灯"，一般过年过节时，比如明天是清明，当地人就要舞灯。舞灯的线路实际上是和村落群有关系的，绝对要舞出村外，这其实透露出了村民心理上的村落边界是什么样的、村落边界是由哪些东西组成的。

好，我今天就说到这里，谢谢大家！

一位建筑师对地区建筑的理解

王昀

北京建筑大学建筑设计艺术研究中心主任
方体空间工作室主持建筑师

地区建筑，对我来讲，理解起来其实还是非常有难度的。我今天的题目"一位建筑师对地区建筑的理解"，就是作为一位建筑师，也就是我个人，对地区建筑应该有着怎样的理解。

其实我在一直想，所谓"地区"的概念是什么？如此强调这个事情是出于怎样的情结？举一个例子，就是刚才张颂院长说的"欢迎你们到我们天津地区来"。天津真的是一个地区么？那得看从怎样的角度理解。如今倡导京津冀一体化，在不远的将来，可能就搞不清楚天津"地区"的概念了。此外，即便是在天津，也不见得都是土生土长的天津人，到北京，也不见得都是土生土长的北京人。所以这个"地区"的概念无论怎么讲我都感觉有点儿飘，不够落地。

或许有人会问：究竟"地区"这个概念应该如何去看呢？这不由得让我想起了艾青写的一首诗：

为什么我的眼里常含泪水？
因为我对这土地爱得深沉……

当一个人一谈到自己的归属感的时候，他想到的就是土地。为什么呢？因为文化是伴随着时代而变化的，人的生活方式也是在变化之中的，但是一个地区的特性的形成，土地是一个最为重要的特征。想到这里，居然发现，土地，给了我很大的启发。

谈到土地，往往想到种田，想到一望无际的田野，或者是起伏的山峦。然而，当我们站在地面上，凭借一个人的普通视点去看土地的时候，那个视野就是我们站在地面上去看这个世界的视野，我们可能只能看见周边的山和树，周边建筑的立面以及地上的土旮旯。如果登高望远，从山的顶部以俯瞰的视角去看，由于高度的限制，似乎也难以获得对于整个地区的把握。

庆幸的是，现代科技拓展了我们对于地区的观测和把握的视野，拓广了我们对于地区或地域范围的理解。伴随着谷歌或百度地图的呈现，世界的范围以及地区或地域的范围，是伴随着我们的鼠标滚轴的上下转动，在眼前变动着的区域。从这个层面上看，每一个人对于地区或地域的理解，绝对不再是农业社会时代人们对于土地的理解，更不是交通不便的时代，人类对于世界的局限的认知。

比如我最近在网上看到很多高清的宇宙照片，包括地球表面的图片、地球整体的图片中，没有地图上画的国家的边界，没有亚非拉各洲所划分的区域，地球作为一个整体，其地形地貌、土地的起伏与色彩成了最重要的表象特征。由此，我们对于地区的理解或因对于世界的视点的变换，而发生整体的甚至颠覆性的变化。人们头脑中的地区的范围或可以再扩大一点。在这样的层面上去理解地区的范围，或许可以将京津冀作为一个地区，（进而）可能中国整体上是一个大的地区，美国是一个大的地区，每个国家都是一个大的地区，地球是宇宙中的一个大的地区……

又比如我们现在都用手机，彼此之间的联系有可能形成一个新的地区，一个虚构的地区……

说了这么多，好像已经远远地脱离了建筑的问题，作为建筑师，说这么多废话，最后还是要回到具体！

放弃前面吹牛的话题，规规矩矩地弄点儿真的东西，那就让我们回到扎扎实实的土地上看。我在想，能不能就从土地上找出地区建筑的全新的视角和构筑空间的一种手法呢？我的回答是可以！

在前面的吹牛中既然提到了地区都在谷歌或百度地图上，那么我就将网上的这种卫星地图作为地区建筑形态和语言的抽取对象。具体地看：先在卫星地图上一看，这块地不错，把它截取出来（图1），然后从中抽取出空间图式（图2），进一步地形成具有地域特征的空间（图3、图4），这种空间的组成关系，建筑师自己靠大脑根本做不出来。可是实现过程却如此轻松，在卫星地图上找一找，画画线，建建模，居然就出来了，世界上哪个大师能做出这水平来？但这不是我做的，这是地球大自然做的。因为不是我做的，所以我可以在这里夸赞其精彩。

下面所展示的几个案例，与上述从自然地形中截取和生成空间的方式一样，都是从地图上先发现一个地区的地貌，进行图式抽取，再进行空间生成（图5～图12），对于这一切，哪一位能说不是那个地区的建筑？空间棒不棒？这一切让我常含泪水！不用设计！

卫星地图是地区建筑最好的设计母本。地区建筑从卫星地图开始。不对，咱得说从中国的百度地图开始。

也许有朋友会说，您这都是直线的平屋顶，有屋顶起伏的吗？回答自然是肯定的。因为我们可以从大自然中直接截取认为合适的地形起伏关系，直接转换为地区建筑的"造型"。从中不难发现大自然就是最大的参数化……

图13是从北纬37.46°～65.09°，东经110.99°～91.12°的地点所选出的拥有地区特征的地形。在此

图1

图2

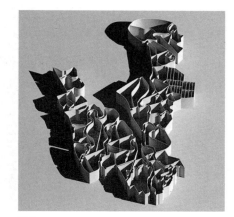

图3

基础上采用直接转化的方式，形成了有空间感的"造型"（图14、图15）。进一步，我们便获得了一系列的、拥有地区性特征的空间形态和相关的令人能够联想起建筑的立面造型（图16、图17）。

之前我发表了"建筑与音乐"以及"建筑与书法"的空间转换的方式。网上一个小朋友说，王老师在扯淡的路上真能百尺竿头，更进一步！或许今天我讲的这个关于地区建筑的做法，可以归为再扯

图4

图5

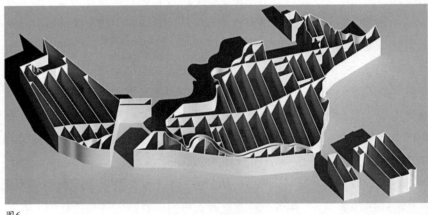

图6

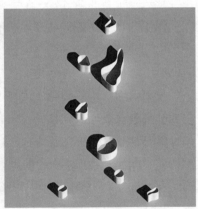

图7

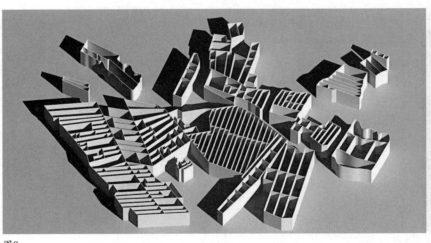

图8

图9

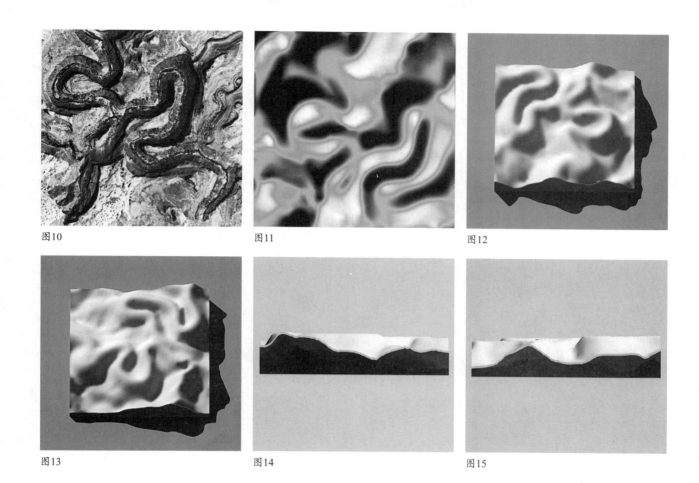

图10　　　　　　　　　　　　　图11　　　　　　　　　　　　　图12

图13　　　　　　　　　　　　　图14　　　　　　　　　　　　　图15

一步。

　　在过去很长的时间里，我一直在怀疑，我们曾经努力学习的那个建筑学是什么。

　　在这样一系列简易的空间获得方式面前，传统的建筑学似乎可以寿终正寝了。

　　实在对不起，话说得有些直接，说得有些满，得罪的地方希望大家谅解。上面所讲到的这些谬论，来自于即将出版的《自然与建筑》。从那个地区的大自然地形当中获得属于那个地区的形态应该真正地属于那个地区的地区建筑。对于地域性问题，在我看来，可以用同样的方式来解决。

　　最后还要强调，这是极端个人化的对于地区建筑的理解，或许应该被列为网友所评价的"扯淡"的级别，而且还百尺竿头，更进一步。

　　谢谢大家。

地域逻辑

魏春雨

湖南大学建筑学院教授、院长

谢谢清华，谢谢单军老师的邀请！

今天有幸听到了吴先生关于"地区建筑"高屋建瓴的总结。也听到了许多专家学者从地域营造、地区考证等多种视角的分享，单老师也特别提到了地域的价值，刚刚翟老师则对地方、地域、地点等相关文脉作了思辨性的解析。我一直在湖南做设计，如果我们谈到"在地性"，那么，理论上来说，在地方做的设计都算是地域设计。所以，今天我想把过去的作品盘点一下。今天，我们谈到了地区的意义、地区的价值、地区的营造和考证以及相关意义的理解，我想我们不能忽略的，还有地区的逻辑性。为什么我们在地方做的设计能够称之为地区或者地域，我觉得应该存在一些内在的逻辑。

我每次来北京，总开玩笑说自己是从"脚都"到了"首都"。因为湖南遍地是洗脚城，所以长沙人戏称其为"脚都"。我自己在学校的工作室叫做"地方工作室"，是希望我们做的东西能够具有一些天然的地域性。但其实柳（肃）教授才是真正研究传统民居的，我只是"浮光掠影"或者说"拿来主义"。我利用了一些空间基因的东西，可能比较浅表。正如单军老师所言，真正的地域应该是时间和空间两个维度的；而我更多地关注当代的、新地域概念的、生成的地域性。

我盘点这几年做的一些设计，并不是想系统地总结地域的逻辑性，仅仅是想找到几个能够表达"地域逻辑"的支点。在这中间，我找到了：类型地域逻辑（或地域类型逻辑）、地域分型的逻辑、地域地景化逻辑、地域空间同构逻辑、地域材料肌理逻辑以及属地性逻辑（或在地性逻辑）。东西比较杂乱，我尽量压缩，重点谈前两个部分。

1 类型逻辑

首先是类型逻辑。我在读研时，在湖南学习了很多年。我的硕论文写的就是类型学研究，距离现在将近20年了。后来在东南大学师从齐康先生，我的博士论文还是写地域类型的界面。一开始写的是类型学,与解构主义的关系比较大,也是一知半解;后来便有了点胡适哲学的意味,我关注的点变得越来越小,最后就只写了地域界面的类型。

这些民居在湖南其实很普通,在湘西、湘中、湘南都很普遍。乍一看它并不引人注目,那种符号化的典型差异性特征不是很明显,但却是一种很典型的民居。它最简单,门一般往里凹,我们叫做"通口屋",家里吃饭、和邻居聊天等都常常发生在这里。但是,它与山地或者湖区的建筑还是有差别的,它的晒台(比如晾晒谷子、衣服等)放在上面,这样的空中晒台,就是一种典型的地域类型。十多年前我做过一些类型的具象表达,借用传统的空间基因,作了一系列的研究,在清华的《世界建筑》上刊登过部分成果。当时做了54个类型,希望能够一个一个实现(图1)。

再举一个例子,去年在长沙梅溪湖开发区邀请了扎哈·哈迪德、蓝天组、矶崎新等一批国际大师来做设计,搞了一个长沙国际建筑文化节。当天,大师作品都来了,本尊却没有来。我想,好不容易有一个和他们同台的机会(可惜没实现),于是做了一个装置。这个装置和刚刚大家看到的那个民居是一样的,我们找了一个模数关系,从类型学的角度推演,这其中就有分型的问题。通过空间组合,希望它能够在一个轨道上滑行,基本单元只有3个,但我们最终能组合出1080种。可以将它视为窗口,站在水边,站在晒台上;也可以看到小孩和大人尺度的对比等。事实上,类型的原型来自于我们的传统民居。今天其功能可能已经异化了,但它的形式仍然存在。我们一直纠结于民族形式与现代功能,其实没有必要遮遮掩掩,它的形式依然可以保留,但功能却在不断发生变化。

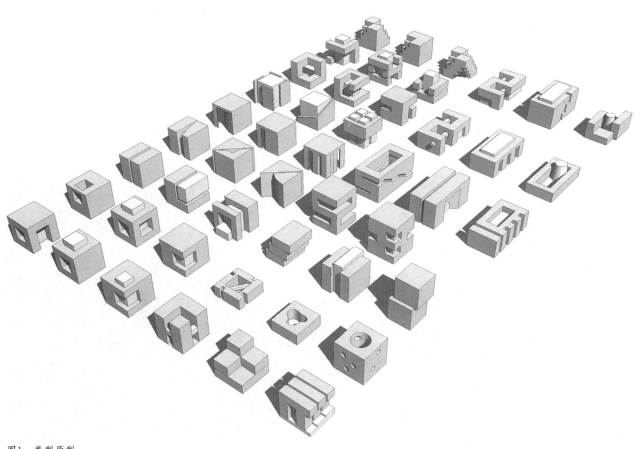

图1 类型原型

后来，我们在学院的屋顶花园也做了这样的盒子，希望通过所谓的"边型"作一种界面化的处理，这里面有类型学的概念。放在我们学院的屋顶上，鸟瞰的时候正好可以看到岳麓山。因为盒子是可以推动、合并的，一边是凤凰山，一边是岳麓山，有时候真可以做出一些图景来。这是我们从一个单元类型，通过衍生、分型等变化产生无限可能的尝试（图2）。

再回到10年前，2004年我一直在做我们的新校园，一路坎坎坷坷，现在即将竣工。主要的难点是这座塔，空军要求在这个塔的直径200m范围内不能有构筑物，并且周围建筑的高度受到限制。我也很庆幸，因为中间几年自己的设计有些漂移，但现在回过头去看，原来做的这些东西倒是还保留了一部分所谓的类型学的源头性，现在都陆陆续续建成了。

2 分型逻辑

第二个，分型的逻辑。我之前讲过张家界，后来政府把它改名叫做哈利路亚山。当时我们也想找到一种山的地景的分型逻辑。我们看到了一所房子，然后我们进行了所谓的分型，把这些分型重新组合后，看到了这样的一个关系。我们不说什么

民族的、传统的，但是事实上山很美，城市却很难看。当地有土家族、苗族、白族、侗族，哪个民族是主要的表达，他们争吵不休。后来我们说这个山就是你们最好的背景，于是就做出了这样的一种"在地性"的博物馆（图3）。我们可以看到房子的分型、与山的关系，当然这其中也多多少少含有一些吊脚楼的隐喻。

与此同时，我在湘西常德做了一个湿地沼泽叠加的分型，有三个馆：城市规划馆、城建档案馆、美术艺术馆，像三片树叶放在一个平台上，现在已经竣工（图4）。

3 地景逻辑

第三个，地景的逻辑。我们做了一个科技中心，设计的逻辑是应对边上的湖区湿地。我们做了许多交错的形式，底层被架空，因为它靠近水面，于是做了许多水波的肌理去呼应。应对潮汐，我们做了三层不同的金属网格的叠加，希望能对阳光进行一些过滤，产生一个复合界面的层次关系。在地景方面，我们模拟了一个湿地的地景化关系，并把湿地的意象做出来了。所以我想，地域设计的逻辑可以就是地景化的逻辑。我们没有找太多当地的传统、习俗，我们只找了地景的这一面（图5）。

图2 游离的"模数盒子"（张光 摄）

图3 张家界博物馆

图4　常德市规划展示馆、美术艺术馆、城建档案馆

图5　常德科技中心、青少年活动中心、妇女儿童活动中心（高雪雪摄）

图6　长沙国家生物园影视会议中心（高雪雪摄）

最近刚刚完成长沙的国际生物医药园，在浏阳。这里有一个丘陵，建筑就像匍匐在地上，是贴地的建筑。我受埃里克森的影响比较大，我看到了他对因纽特文化的研究，他的所有建筑都极其强调水平向。当然，在中间需要一个穿越，这是政府的会议中心和群众的文化中心（图6）。

4　同构逻辑

第四个，同构逻辑。我做了中国书院博物馆（图7）。传统书院有一种非常典型的形式，本质上是一个"斋"。我们从这样的空间中提取了几个基因，做成了几个"斋"的空间。我们在空间组织中大量运用了"斋"的天井，包括上面的瓦，远看是瓦，但近看其实是陶土杆，瓦上用了胡桃木。新的空间与老的空间产生一种同构，而且并不影响岳麓书院的崇高地位。

还有武汉的中国院的项目。托马斯·赫尔佐格做了主馆，库哈斯做了长江文明馆。我的地段在它们的中间，原来是一个垃圾井。这是一个难得的机会，我们做得很投入，依然是利用这种"斋"的空间，找一种同构关系。

图7　中国书院博物馆（简照玲摄）

5　肌理逻辑

第五个，肌理的逻辑。扎哈·哈迪德在岳麓山后面的梅溪湖做了一个艺术中心。我们负责其周围十几个配套设施的设计。当时主管的副市长想在这里建一个会所，所以我们用了分型的概念和材料，想把它做得消失一些。房间的窗户，每个角度都不一样，可以看到不同的风景；在不同的光线下有不同的变化，让这个建筑消失掉。后来我们在这块人造沙滩边又做了一个咖啡室，结构全部都是竹模板，里面没有钢筋混凝土，但是外面的防水用金属板包裹起来。在岛上，我们做了一个喷泉管理用房，有十几个房子，我们打算每个房子用一种材料。建成后很多人在这里取景拍婚纱照。这个结构是和土木学院的院长合作完成的，据他说，这是世界上最大的竹模板建筑（图8~图13）。

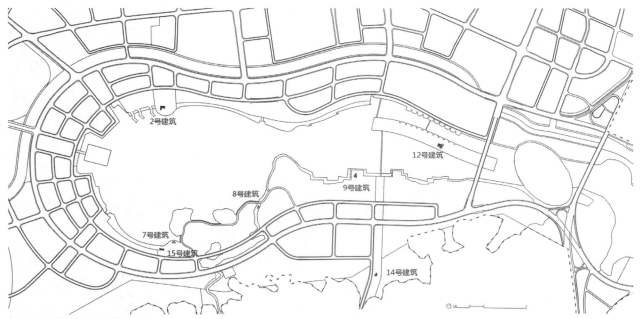

图8　梅溪湖滨湖景观建筑总图

图9　7号建筑（高雪雪摄）

图11　12号建筑（高雪雪摄）

图10　8号建筑

图12　9号建筑

图13　2号建筑（竹模板建筑）

图14　希望小学（高雪雪摄）

6　在地逻辑

最后一个，称之为"在地逻辑"，或者说"属地逻辑"。前几年，在湖南双峰，我们做了一个希望小学（图14），从长沙过去要4个小时，2个小时车程，2个小时山路。这个地方在历史上曾经非常有影响力，因为是曾国藩的故乡，所以极其推崇教育。我用了水刷石和青瓦。一开始我觉得水刷石是很朴素的，但要是把水刷石从外面的河里运到山里，结果比贴好的面砖还要贵。这倒是给了我一个

提醒，"在地性"不一定是要把东西做得像什么，它可能就是一种在地表达，比如利用当地特有的材料，可能会更好。当时这样做出来后的确是和周围整体环境比较契合。那天我们去看现场，孩子们都穿上了过年才穿的新衣服迎接我们，这是我的设计生涯中非常感动的地方。

我的汇报就到这里。虽然谈了几种在地逻辑，但难免片面，而且都是我自己的一些理解。想作为对这次大会的一个致敬。谢谢！

*注：图片全部来自WCY地方工作室。

建筑的地点性及其表达

翟　辉

昆明理工大学建筑与城市规划
学院教授、院长

感谢地区建筑学术研讨会给我这次机会，让我时隔12年又重新站在这个讲台上。12年前，全国首届博士生论坛在清华召开，我在这里作过一个报告，当时讲的内容其实有一部分跟今天要讲的是一样的，讲的是茶马古道，讲的是丽江束河和香格里拉独克宗两个古镇。当然，也比较巧合，去年两个古镇都"火"了——都着火了。这里头有些内容是12年来一直在思考的，为了切合今天这个研讨会的主题，我演讲的题目是"建筑的地点性及其表达"。

1 建筑的"地点性"

在中文语境中，"地域性"、"地方性"、"地点性"应该是有区别的，虽然我们很多时候把它们混为一谈了。"地区性"和"地域性"对应的英文是一样的，都是"regionality"，与它们相对的是"普世性"（universality）；而"地方性"（locality）相对的是"全球化"（globalization）。那"地点性"

呢？上午单军教授的演讲ppt中有个表格讲了"地点性"主要是空间的确定，我认为"地点性"可以把时间也含进来。现在，在地区性建筑创作里边——至少长期以来在很多人的理解中——其实是有这样一些等号的：地区性等于地区特性，地区特性又等于地区特色，地区特色等于地区象征符号，而符号等于风格，最后得出，地区性=地区风格。所以，在设计上就有这样一个套路：乡土建筑加民族文化推导出地方的象征符号，然后得出地区特色，然后是地区特征，最后导出来的就是所谓的"地区建筑"。卡尼泽诺说："现代视野下的地域性建筑脱胎于对现代普世主义的反思，它是为了强化地方认同而产生的对地域性的关注。然而，在真切的观察下，差异性压倒了相似性。"这个是应该好好理解的。我们现在都在拼命地追求差异性，但是差异性所占分量有多少其实是更关键的问题。

关于"地域主义"、"传统的地域主义"和"批

141

判的地域主义", 上午吴先生和单军教授都谈到了。我认为, 地域主义是一种应对的策略, 或者说是一种主张和想象。佐内斯将地域主义分为"传统的地域主义"和"批判的地域主义"。其实现在很常见的地区性建筑创作的很多做法是属于传统的地域主义。因为它是采取"熟悉化"的手法以"布景式"的形象操作为主的, 强调"怀旧"和"记忆"。关于时间, 艾略特专门讲过, 所有的时间都只会指向一个终点, 那就是未来的现在。它既不是过去, 也不是未来, 永远都是现在。而"批判的地域主义"针对的是"国际的现代主义的批判", 也是对"传统地域主义"的批判, 它强调"陌生化"的手法。"批判的地域主义"更贴近现代的生活。弗兰姆普敦主张要调和普世文明与地域文化, 并以此作为重要的目标。

大家都熟知"批判的地域主义"的七要素, 原来是六要素, 后来弗兰姆普敦又补充了一点。我自己觉得很奇怪, 原来的第一点和后来的第七点好像是一样的, 他为什么要加。可以看出, 他特别强调"进步"、"解放"、"普世文明下的文化繁荣"; 强调"场所"和"领域感"; 强调"建构"的现实, 而不是布景; 强调对地形、气候的表达。他的七要素里强调的是触觉, 我认为应该是多种感觉的体验。对于地方要素, 强调的是一种"在场性"而不是煽情模仿。

李晓东教授也讲过: 现代的"批判的地域主义"面临的危险同样是重蹈早期传统的地域主义的形式、布景式的民族主义以及退化成旅游商业主义。所以我的看法是, 现在我们普遍重视的是差异性、模糊性、历时性、视觉、文化、局部的和外显的, 而忽视了相似性、确定性、历时性、多种感觉、技术、整体的和内隐的。

关于"context", 可能大家都知道, 一直以来, 我认为咱们的翻译是错的——大陆以前基本上都翻译成"文脉", 导致大家都认为"context"是"文化的脉络", 其实"context"更强调的是一种上下文、前后逻辑和来龙去脉。台湾地区的翻译相对接

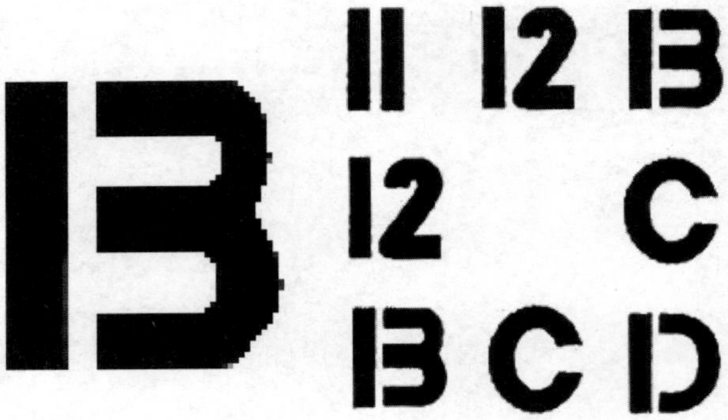

图1

近一点, 它叫"涵构", 但还未将"context"的内涵表达得很清楚。"context"的拉丁语"Contextus"的本义就是"纵横交错"的"调和"。"纵横交错"可以理解为空间和时间的交错, 就是调和空间和时间的矛盾。解释"context"最好的一张图（图1）其实来自于心理学。这张图, 你可以认为它是"B", 也可以认为它是"13"。当它和"11"、"12"在一起时, 你可以将读成"13"; 和"C"、"D"在一起时, 会读成"B"。其实"context"就是这样, 它是使一个东西拥有确定性的那个背景。按照构词来说, 它就是把这个文本连接起来, 这个文本包括了时间文本, 也包括了空间文本, 它强调的是时间、空间文本的一种关联。因为时间和空间是一切逻辑的基础, 一切逻辑问题都是从时间和空间的关系中打开的, 所以"地域性"不仅是一个空间的变量, 它还是一个时间的函数。"context"不仅仅是一个物质空间, 它还是一个打上自然和历史、地域和设计烙印的, 由传统和对变化的迫切渴望构成的"场地"。所以, 我认为"地点性"应该比"地区性"、"地域性"更加确定。它包括了"地域性"所要强调的空间方面以及文化的地方性、人文的场所性和技术的现代性、时间的历时性。它是一种基于时空"context"的确定性。

2 建筑"地点性"的表达

下面用我们的几个实践案例阐释一下对"地点性"的认识。

2.1 整体和局部

第一个是"整体和局部"，是我们12年前做的丽江束河的项目。它原来是一个很幽静的小村子（图2），在玉龙雪山脚下，现在旅游已经做得很火了。它的"context"其实和丽江其他地方是不一样的，它和自然的关系、自身的逻辑关系都很清楚。从这张肌理图（图3）上可以看出，也可以推测出它演变的过程一定是从镇的形态最后到了村的形态。这和它的历史有关，当地在1960年代发展农业，把以商业为主的一个小镇变成了一个农业村子。所以我们认为它的"地点性"不仅仅是一些"style"，还包括了一些构成逻辑。从肌理上看，"茶马驿站"新区和老村子是不一样的（图4），因为新的就是新的，但同时它是很协调的，有一种调和、整体的美。格式塔心理学有一个定律：整体先于部分，大于部分之和，并制约着部分。传统村落强调的是整体和谐而非个体建筑的张扬，突出的是街道空间形态而非建筑单体。街道并非横平竖直、整齐划一，而是让人感觉是群体建筑"挤"出来的，村落公共空间才能够成为"图形"。基于此"context"，我们作出规划和设计上的回应，是对地方和乡土要素的"再阐释"，也是对中华文化"和而不同"的精髓的致敬。

2.2 熟悉化与陌生化

第二个是"熟悉化"与"陌生化"。"熟悉化"和"陌生化"是同时出现的概念。这个项目在大理古城里。做这个项目时我们尝试了"熟悉化"基础上的"陌生化"处理，希望提供更多可被识别为"批判的地域主义"的"要素"。我们从大理传统民居的分析着手，设计了九个院子，取名"玖和院"（图5），希望与古城取得整体肌理的协调。虽然在大理古城中肌理和尺度比风格更加重要，但"布景式"的外观设计在很多时候还是不可避免，关键是分量。大理的传统建筑都比较强调一种吉祥文化，就像丽江的传统建筑，在山墙上绘有悬鱼、蝙蝠，大理建筑在山墙上也绘有彩画。我们设计的图案和大理传统的图案不一样，但都是来自中国传统吉祥文化的图案（图6），比如用铁艺做的蜘蛛、和山墙吻合的蝙蝠等。每个房子上的山花都是不一样的。建筑文化的再现，既要有"熟悉化"也要有"陌生化"，比如冰花纹窗棂的夸张、当地材料的现代做法、叠瓦花、钢筋笼卵石等（图7）。就像这个照

图2

图3

图4

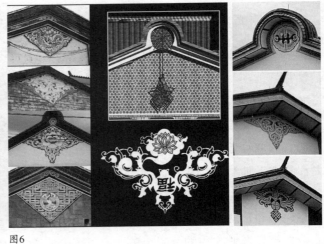
图6

图5

图7

图8

壁，没有照搬大理的传统照壁，而是用了五谷来再现吉祥文化，同时用了大理出产的大理石加强了地点的确定性（图8）。在地下室会有一些比较现代、比较夸张的做法，因为大理古城的建筑原来是没有地下室的，所以我们希望在地下室能够产生不一样的情调。

2.3 地点性与地方性

第三是为什么希望用"地点性"来替代"地方性"，因为"地点性"更有确定性。比如在大理，你做的设计是中国的，那么它是否具有地域性，如果地域性讲的是中国性。说到大理建筑，其实大理建筑也有很多不一样的，地区不一样，建筑也不一样。比方靠近丽江的地方，它的山墙就不是很"大理"的，不像大理洱海边上的建筑那样。所以"地域"和"地区"会相对比较泛一点，我们更加强调的其实是一种通过关注确定地点的文本特性，把建筑镶嵌到场地里边，然后再通过一定的"陌生化"手段来联系、协调、延展场地的时空"context"。比如在进束河古镇的路上有几个寨门，一般人可能不太留意。大家都知道大门是很难做的，一做就做成了牌坊。当然，就算是做成了牌坊，它有没有束河或者丽江的"地点性"也很难确定。这个寨门设计，当时一轮方案就通过了，我们认为是因为它有地点性，这是丽江特有的。我们依照丽江的东巴文字里的"村寨"做了这个门的形状，而东巴文字是丽江特有的（图9）。

　　大概两三年前又碰到一个项目，在云南的普者黑景区做一个游客服务中心。这个景区的配套是很差的，之前景区也请了一些建筑师做了一年多的设计，甲方一直不满意。我们去看了场地，自然地貌确实很独特，但它的民居其实没有特别强的风格，唯一的特色是瓦比较斑驳，有一些土墙。但是云南很多地方的农村都这样，没有像大理和丽江那么明显的风格。所以，设计院做了群体建筑之后老是讲不出来为什么我的设计是普者黑的而不是大理的，政府就老是确定不了。场地西北有山、南边有水。我们找"context"时基本没有找民居，而是找它的山水特色。因为普者黑是彝族聚居地，它的彝语意思就是"鱼虾多的地方"，从这些照片中也能看到它比较柔美，所以我们取的形也比较柔美。我们搭建了一个场地模型，希望建筑连接不同标高层次上的流线，形成覆土建筑，并利用水景（图10、图11）。建筑和它周边的自然地貌是比较吻合的，所以避免了建筑风格的问题，使建筑融入了景观，方案很快就通过了。这是一个更小的项目，就是刚才说的"玖和院"的一小部分（图12）。现在施工图已经做完了，功能很简单，就是一个小茶室加一个门房。但是与总平面图一对照，发现有几棵树要被

图9

图10

图11

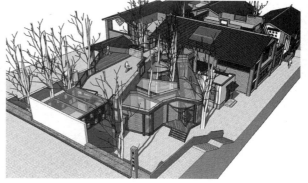

图12

砍掉，而这块用地是大理古城历史上非常有名的一个客栈，老外聚集，叫"榆安园"。所以，我们向甲方提出能不能改一下设计，做一个比较轻巧的、一棵树都不砍的方案。甲方同意了，因为面积不到200m²，甲方觉得无所谓，随便你做吧。于是我们做了这样一个围绕着树的玻璃房子，很轻巧的一个小建筑。这里想讲的就是，"地点性"是通过周边的环境来确定的。这个设计跟场地原有的历史吻合，不张扬，很消隐，强调的是这几棵树，但是里面也有当代的做法，也有传统的符号。整个廊子穿插在树之间，希望抬头看见的都是树。里边的材料和旁边的建筑是一样的，做法是一样的，在视觉上与周边建筑有一致性（图13）。建筑东边是2层建筑，体量很不显眼，树就突出出来了（图14）。

3 结语

最后谈一点预期。面对保罗·利科的著名追问："如何成为现代的而又回归源泉，如何复兴一个古老与昏睡的文明而又参与普世的文明？"弗兰姆普敦认为应该通过"同化"和"再阐释"，"在未来要想维持任何类型的真实文化都取决于我们有无能力生成一种有活力的地域文化的形式，同时又在文化和文明两个层次上吸收外来影响"。面对这个追问，我们应该采取的是一种调和普世文明和地方文化的

图13

图14

姿态，寻求存在于普世文明和扎根文化的个性之间的张力。

当传统在创造我们的同时，我们也要有信心去创造传统。

谢谢大家！

地域文化与乡村实践

周 凌

南京大学建筑与城市规划学院教授、
建筑系主任

感谢单军老师以及天大的张院长、孔院长的邀请。难得的机会，碰到了很多同行，大家研究的问题有很多相关之处，方法和切入点又不尽相同。我近几年参加了一些乡村实践，有政府层面推动的，也有企业或民间层面自下而上进行的，现在对乡村有了一些比以前更全面的认识。

首先，针对今天的"地区建筑"主题，我想先介绍一个地方建筑文化的研究。关于地区建筑，近年来业界很关注"中华文化"、"中华建筑"的命题，需要进一步地认识。我国最早的地理上的空间，例如"九州"的概念，出自战国时期的《尚书》："禹别九州，随山浚川，任土作贡"，大禹东巡，由此开始了中华的历史。

这本《禹贡山川地理图》是宋朝人对禹贡山川所作的考证（图1）。其中一幅地图很有意思，为"上西下东"。汉宝德曾有一个认识，西方的地图是上北下南，而中国的地图是上南下北。这反映了不同的空间观：对西方人来说，世界和我是"互看"

的，主、客体（subject-object）是对立的；而在中国人看来，主、客体是合一的。"上南下北"实际上就是皇帝座位的视野。这幅图以上西下东放置，我猜测可能与南宋偏安杭州有关，可以理解为从皇帝的视角看中原。

九州的定义，大约起源于战国，一个说法是战国人借大禹之名，构想了一个中国或者说"天下"的空间模型。九州的划分，来自于五岳与四渎。五岳定义了九州的边界，四条大河与几条山脉划分出内部的九州。可以说，地域文化源自地理空间的自然划分。文化圈就在这样的地理格局中被划分，相对独立的文化个性在一定地域内自然孕育出来，生长起来。在地形上，九州的划分遵循山脉。东南为扬州，也是我接下来要讲的重要部分。我认为，这就是"地域"最早的原型之一，因为它来自于地理的划分。从《尚书》对国家的设想中可以看出，古人对于地理的认识是非常清晰的，如中原和东南西北。在定都的时候，定都于中原，就是洛阳、开封一带；如果定都于西边，因为不在五岳中央，似乎会感到心理不安。其实最适合定都的还是长安。在洛阳一带，没有天然屏障，因此，北宋、隋朝都很快灭亡了，因为它们无险可守。长安面朝平原，有足够的农田土地，可以养活百万人口，又有丰富的水系和山川，适于防御。因此，在长安，政权比较稳固。这也是一个空间的概念。

今天，重点是讨论民居，我们不妨看看原始聚落的分布以及历史上的民族迁徙，这同样是一个空间问题。华夏文明最早起源于黄河流域的原始部落，之后数次从西向东、向南迁移，基本上是一个传播的过程。然而，后来的考古发现，在杭州一带也有一个和中原文化一样古老的文化，那就是良渚文化。很多的考古发现正在更新我们的空间认知，过去人们认为良渚文化不过长江，但去年发现，江北也出现了良渚文化的遗址。这样就把我们的文明推向了更早。

有了这些基本认识之后，不妨讲讲我自己的一个关于南京城南的研究，我使用了历史地理学的方法，也借鉴了部分Saverio Muratori的形态类型学——他对罗西的影响很大。这是一种观念，而非一种方法。当我们看到聚落的变迁，由于功能的更迭，空间发生变化，但依然可以识别出原来的空间痕迹。另外，在研究中国问题时，也可以使用图像学和图像志的方法，例如高居翰的研究、巫鸿对武梁祠的分析。高居翰在《不朽的林泉》中分析了清代画家张宏绘制的一个常州园林（图2）。其实，有些明清绘画具有相当的可靠性，有很多纪实的成分。有的是为了让皇帝了解当地情况，例如《韩熙载夜宴图》就是为了监视韩熙载而绘。在分析南京的时候，我也使用了一些古画，通过古画，在今天的城市中定位过去的园林位置。

我所作的研究，是南京城南的一个角落，这里有着十分丰厚的历史积淀，例如胡家花园、李白诗中的凤凰台、杜牧诗中的杏花村，明代这里曾经有二十多个园林（图3）。我们和很多其他专家一起做这一片的城市设计时，总觉得需要一个方法来面对这种具有很明显的历史痕迹的地点。荷花塘右侧一带是清华大学吴良镛先生的老家，他应该是在这里长大的。过去的园林拆掉后建起了厂房。

这里还有很多文化典故，如东晋大画家顾恺之作画的瓦官寺，魏晋竹林七贤之一阮籍的墓等。这里有愚园（图4），还有很多重要的寺庙，如建初寺、保宁寺、凤游寺等。进一步读李白、杜牧的诗，分析他们当时看到的景象，尽管地理上发生了很大的变迁，但都在这一带发生。

我们所参考的文献有几十种，由此慢慢寻找到园林的位置（图5）。尽管文化界的争论很多，说不清楚，但建筑师有他的工具——图像，包括南京的历史航拍图，还有过去的房产分割图，从1920年代

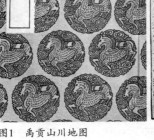

图1　禹贡山川地图

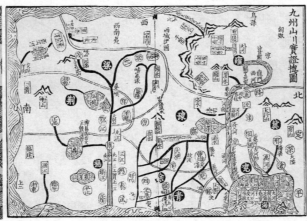

图2　《不朽的林泉》中的常州园林

的房产分割图中，很多的园林位置都可以找到。

我们通过这些图像可以大致复原城市的肌理。采用GIS的手段（图6），来寻找放生池、凤凰台等，然后把这些痕迹都通过文献考证出来，最后得到的是园林的边界（图7、图8）。这些边界的定义是非常关键的。例如六十年代还存在的遁园，他的后人也在申请复建园林，我们的复原考证与他们的印象是契合的。我想，这也算是一种城市设计的方法，利用文献资料对于地方的历史文化进行研究。

图9是复原后的大致情形，包括很多园林、老的遗址（图9），在一定程度上解开了一些历史学没能解开的谜。过去关于凤凰台的位置一直有争论，

但我们认为应该是找到了。东边是建初寺——东吴时期的江南第一寺，佛教过江后的第一寺，有的历史学家认为它在城门外，而瓦官寺应该在它的西侧。我们通过空间解读，更正了历史学的误读，解开了空间更迭之谜。这虽然是一个研究，但我们认为把它的边界保留，可以直接作为后人进行城市设计的参考。边界不是假的，而是真正存在的。由于地层是层叠的，相信也会有更多的历史证据不断出土。

还有一个类似的研究，是对门东地区一个园林的定位。我们通过收集国内外各种资料文献，确定了它的位置。

图3 南京老城南研究区域

图4 愚园

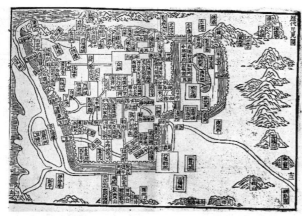

图5 历代互见图

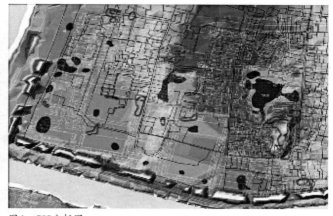

图6 GIS分析图

图7

图8 遁园复原图

我们的观点是，一定要保住这些边界，里面的房子，只要是两层的、青砖的，就问题不大，但边界是必须保住的。宅基地的边界是最好的城市设计的条件。我和丁沃沃老师也在作一些实践，运用历史中找到的肌理，来作改造设计，例如街巷保护。图10是复原之后的效果（图10）。

图9　地块肌理复原图

图10　改造设计和复原效果

下面，讲几个在乡村的实践。一个是常州武进的乡村。我们都知道胡焕庸线，其实若能看到今天的卫星图，胡焕庸线并没有那么神奇，因为很明显，东边可以种田——中国的历史就是水稻的历史，或是田的历史以及为了争夺农田而引发战争的历史。我们可以大致搞清楚历史上几次战乱之后人群的迁移，例如永嘉之乱后王谢家族的迁移、萧式家族的迁移，后者成了南朝的萧齐。今天，在乡村看到萧家祠堂，就可以知道是南朝萧梁氏的后裔。

乡村的情况比较特殊。我们认为，没有中国的乡村，而只有具体的乡村。如苏南一带的乡村，农民都很富裕，并不种田。一亩地用来种田才能赚一两千块，而种草皮能赚2万块，种花木能赚3万块。因此，最后没有人愿意种地。另外，每个村子都有厂房，就更加不需要种地了。这和中国台湾很像——"村村点火，户户冒烟"的乡镇企业。政府希望我们能帮助梳理历史的肌理。实际上，这里的基础设施全都已经建成。江苏省住建厅很强势，很早就推进了美丽乡村的建设。如今，他们希望把一些工厂及基础设施合并。但我们建议，合并没有意义，因为还原的耕地也很难种田——至少需要三五年才能复耕。

我们找了一些参考案例。比如美国的农田，1km一个单元格，完全机械化耕作，效率很高，用GPS定位之后，一家人可以耕作上万公顷的农田。高速公路和村庄的关系也和中国完全不同。一个值得比较的案例是法国1990年代以来的乡村复兴。近年来，法国的乡村人口都在增长，其中一些措施很值得我们学习，包括多元化的生产功能、优越的居住功能——作为城市人的第二套房。其实我们的乡村，尤其是发达地区的乡村，可以承担作为大城市第二居所的功能。此外，还有可持续的旅游休闲、自然生态涵养等。

我们做了一些乡村复兴的项目。其中一个通过改造村口把它的公共性强调出来，探索了一种"古"的语汇——我们在村子里试验不同的语言，

有点像宋代的廊桥结构。我们用了双柱的语汇，被当地人施工之后显得更"古"了，比如方柱被做成了圆柱（图11、图12）。

另外还有一些正在进行中的乡村项目。一个是南京江宁苏家文创小镇，利用村里原来的几处老房屋改造出几个服务型的业态，作为驱动乡村的开始。村口有一个稻米加工坊，做成稻米展示和文创小店；一个三开间的单层老房子和辅助房间改造为茶舍和甜点屋，一个老仓库改造为餐厅；另外加建一个乡村书吧，还有一个小型精品酒店。通过这几个规模很小的原址改造，植入新的功能，使乡村有了新的活力，使城市近郊乡村起到了分担城市生活

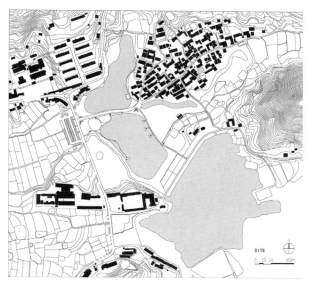

图11 村口乡村铺子总平面

图12 村口乡村铺子照片

服务的作用。（图13、图14）

　　最后一个案例是浙江德清莫干山的一个民宿改造，把一个老的乡村礼堂改造成餐厅酒店。采用现

代的手法，与自然对话。建造方式朴素自然，用的都是回收环保材料（图15、图16）。

　　谢谢大家！

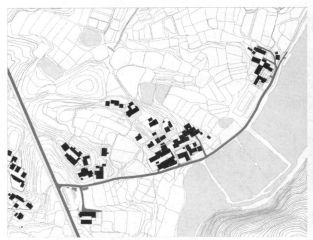

图13　南京苏家文创小镇乡村改造总平面

图14　南京苏家文创小镇乡村改造照片

图15　莫干山原舍民宿改造总平面

图16　莫干山原舍民宿改造照片

乡村遗产与建筑设计

罗德胤

清华大学建筑学院副教授

最近几年，我的工作从研究转向了实践。不过，我的实践与前面老师们讲的那些精致化的、施工更加到位的不一样。我大概从3年前开始进入乡村的实践领域。我和当时的领军人物之一孙君老师交流，他告诉我一个乡建工作的法则："落地为王"，干出来就是胜利。当时还不是很理解，这几年深有体会。

我们在乡村做的规划设计，大部分是没有机会实施的。因此，在拿到项目时，往往面临一个纠结的问题：究竟是下功夫设计，还是不下功夫设计？下功夫设计，也许不实施，而不下功夫设计，万一实施了呢？发现没设计好，丢自己和学校的脸。很多时候我们都在努力增大"落地"的概率。下面我跟大家分享三年来的大概工作。

我们的大部分工作对象，都在传统村落名录内。公布第四批传统村落后，将会达到四千多个。这是一个很大的量，也是近几年住建部工作的主要成效。我们面临的挑战也很巨大——我认为最大的

挑战在于遗产观念不普及。因而在很多情况下，需要先做"教育"工作——这个词可能有些自上而下，用"遗产普及"可能更好。由于这种观念不普及，导致了大量民居年久失修。要怎样把现代化设施加到传统民居中？我们在乡村做工作时，第一步是找到得力的工匠，否则项目一定会死掉，这是很关键的问题。

大概5年前，我第一次进入乡村做设计，是在云南元阳哈尼梯田的村庄改造。这是简单的外观改造工作，相对比较容易。但是在元阳的世界遗产地，一共有99个村寨，大部分其实已不再是传统风貌的村子。在这样的情形下，我们不得不向当地政府证明，老房子依然可以住，经过设计师的技术力量是可以改善的。所以，我们作了很多这方面的尝试，拿了三栋房子来作改造。我们努力地控制造价，以便它能扩散、复制，但结果并不十分理想。我们确实在技术上将现代化设施嵌入了老的夯土房中，但村民并不接受，原因还是观念普及问题——

因为村民始终认为，楼房才是他们的理想，要和城里人一样，尤其是要娶媳妇的时候，建楼房是一个真正的刚需。

在这之后，我们开始反思，是否有更好的、不一样的方式。因此，我们在实践环节中将视野放得更宽。实际上，这几年，我所做的专业工作可能只占20%～30%，而其余70%～80%都是在专业之外，探讨与别的专业的配合问题，还需要做大量的与地方政府沟通的工作。在这种尝试之下，我们大概总结，要完整地完成工作，必须要照顾到七个环节，包括规划、策划、落地（施工的时候若不在场，一定会变样），还需要做环保卫生、营销推广、手工艺产品设计，最后还得照顾集体经济。这七个环节，有任何一个没照顾好，就一定会做不好。但这也并不意味着需要一个人把七件事都做完，你可能做其中的一到两件，剩下的需要找帮手，让他们来一起解决问题。

于是我们开始构思，能不能增加设计的含量呢？我们作了一些尝试，例如湖南高椅村。我们通过现场调研发现它是个机会，其中一个文保单位，文物局花钱修好了，之后就用锁锁起来了，因为没有管理员。我们和当地政府商量，能否让我们把这个老书院简单设计一下，把它改造为一个儿童读书、大人喝茶的小建筑，花个两万块钱，当地政府就同意了。这是我们自己找来的项目，也没有增加设计费。但为了"撬动"一个乡村，这种小项目是非常重要的。这是撬开乡村链条的关键环节。设计的过程就不展开了，简单地说，基本的考虑是将现代的儿童阅读功能加到老房子里，不是国学那种方法，而是现代的、喜欢自由的阅读方式。我们在一层做了地毯，让孩子可以打滚看书，更符合他们的天性，孩子若喜欢，大人就会来，来了之后把孩子交给管理员，自己可以在二楼喝茶、看书。项目做完之后，当地人很喜欢，当地政府也很高兴，经常把它当作接待高级嘉宾的场所。接待的时候，会让当地侗族姑娘穿上盛装来接待，这是一种很好的体验。后来，这个项目也在一段时间内产生了比较好的效果。

我们沿着这个思路往下发展。其中一个较大的案例在松阳，我找了好几个朋友、老师来帮忙设计，这是一个保留完整但也很普通的村落，四个建筑师每人领了一个小任务去设计，非常费劲，可谓付出了"洪荒之力"。幸好，最后都干出来了，虽然赔了老本来做设计，但"落地为王"，例如王维仁老师、徐甜甜建筑师、许懋彦老师、何崴老师设计的几个项目。这几个小项目，虽然单点成本较高，但它所撬动的社会关注和综合效益是很强的。所以我认为，在乡村项目中，一定要找到小项目，不要太考虑每平方米造价——正常的造价可能是一两千，但实际的造价经常达到五六千甚至一万。但因为很小，总价也不会高到哪里去。可一旦建成，它带来的综合效益是很广阔的。比如徐甜甜设计的大木山茶室，经过"一条"的推广，3天160万的点击量，带动了整个松阳县的知名度。松阳有一批这样的项目，还有别人做的，都形成了类似的效果。

另一个案例是在河南西河村，我们也做了一整个村的工作，也是与何崴老师合作。大致的节奏是：先做环境卫生工作；接着是景观，因为村子本来就挺好；第三步是作建筑改造。一开始想作民居改造，但谈了一年没谈下来。后来，何崴老师用一年就把事情干完了，虽然造价比较高，但因为是公家产权——一个下乡建设的一个诀窍，是找公产房，不要碰私产房。接着我们又试图改一些老房子，但速度很慢。做完之后，又面临如何持续提高效益的问题。原先的想法是在其中增加文创项目，比如茶油博物馆，但做起来发现成本比较高。后来，我们试图寻找更低成本的方式，比如开了咖啡馆。我向合作社建议，请了一个专门负责运营的人，花了8万块装修了一间房子，并和县长约好，开张那天一起给它作宣传。后来咖啡馆还是起了点作用，有效延长了参观者逗留的时间，逗留的时间多半天、多两小时，就能多一顿饭，这样村民的农家乐就开起来了。因此，很快就有了收益，也有了信心，村子的面貌就发生了变化。今年4月份，我们又在村里开了一次大会，到场630人，村子就像过年过节一样热闹，对于提高村子的知名度也很有好处。如今，它的旅游业进入了常态，但也没有过度商业化，目前来说还是比较平衡的。

第三个案例，是最近刚完成的在黔东南黄岗村的一个项目。贵州省经常通过开大会来带动产业发展，例如贵阳的大数据、黔西南的山地旅游大会。黔东南有传统村落分会。第一届是由省政府牵头办的，之后就交给州里自己延续。第二届传统村落分会的目标就是推出新改造的几个村子。围绕这个目标安排日期，开会日期一到，政府就带着记者们去参观这些村子，几个新改造的项目也确实起了作用。大约两三百人进入村子，被2000个穿着正式的民族服装的村民包围着，体验还是很好的。黄岗村保存得特别好，我们一共列了10个小工程，与州里面讨论并设置经费；第二轮是和村里面讨论能不能盖。最后完成了7项。第一个项目是萨坛，萨坛是侗族人的精神象征，很久不用，衰败了，我们着手把它恢复起来。设计经过了与当地人，尤其是与寨老的反复磨合，为了当地人，宁愿浪费钱也要尊重他们的想法。另外，我们恢复了一些生产工具，如碾坊。我们只是设计建筑外观，而其中的工艺都是由工匠一手包办的。我们还设计了一个"禾仓之家"，是兼具住宿、招待、开会功能的三个老房子。禾仓是侗族特有的一种构筑物，专门存放粮食，他们认为粮食甚至比家更重要。如今，很多人出去打工，一半以上的禾仓都荒废了。我们提出，能否把浪费的禾仓改造为有用途的建筑。建成之后觉得设计的玻璃有点大了，但这恰恰是设计纠结的地方，因为一开始完全不知道能否做成，因此推敲不够充分，然而真的做成了，之后就发现设计还是欠考虑。最后达到的结果还是不错的，住在禾仓里，周围是挂满稻穗的景象。后来，所有的大小领导、世界遗产专家，都待在这小房子里不愿意走。因此，我们也达到了预期的效果——一个小建筑撬动了整个流程。

最后，总结一下我们做乡村的逻辑：在县级层面，以一两个村作榜样，进行系统化、现代化的改造和保护；村级层面，则通过小项目来带动；国家和省级层面，最好不要干预太多，从立法、培训、推广上做工作；社会层面也非常重要，要经常举办跨行业、跨学科的国际交流会。因此，我也和SMART的王旭合作，经常把七八个专业的人找到一起进行交流，找到彼此衔接合作的方式。

最终，通过这些方式，希望实现普及遗产观的目的。我个人的观点是：遗产观念是一种特别先进的观念，它需要经历一个从精英到国家，到中产阶级，再到全体民众普及的过程。目前，我们处在一个中产阶级有少部分人开始觉醒和接受的阶段。这个阶段，设计师是可以发挥作用的，但很讲究技巧，要是没弄好，可能会特别受伤，因为每次做的设计都得不到实施。

谢谢。

乡村弱建筑设计

何崴

中央美术学院建筑学院副教授、实验中心主任

各位下午好！首先得感谢地区建筑学术研讨会和天津大学的邀请。

很惭愧，今天我讲的还是前两年完成的两个房子。其实我们今年也在做一些乡村的项目，但是非常遗憾，因为各种原因，到现在为止都还没有完成，所以我还是只能讲讲这两个项目。不过，我不想简单地介绍这两个项目，我想谈的是在设计和建造过程中，建筑师的角色和工作方式可能会和城市建筑师有所不同。我想从这个角度来谈。

1 西河粮油博物馆及村民活动中心

第一个案子是2013～2014年做的西河粮油博物馆及村民活动中心（图1）。首先想说的是，我刚才提到的这个"弱"并不是羸弱的意思，而是说它应该是模糊的，或者说是多元的。在乡村建筑设计的过程中，很多时候，建筑师的工作不是以做建筑开始的，要考虑的问题是超越建筑的，或者说是在建

筑之外的。

西河是河南新县的一个小村子。村庄总体的情况还不错，我们做的是红线范围内的一个1958年的粮库。粮库基本上是荒废的状态，这种情况其实在中国的乡村里面非常普遍：大量的这种1960年代、1970年代的建筑，包括大礼堂、粮库，处于闲置状态。我们当时觉得它可能能为这个乡村提供一些新的契机、新的活力和一些新的公共空间。所以，我们最开始的想法并不是要做什么形态，而考虑的是它未来可能的产业。我们提出要做一个小的、能够吸引人来的博物馆（图2），但博物馆不是为了文化的保护，我觉得和农民去谈文化保护是有点不合时宜的，因为农民更关心的是他的收益问题。因此，我们当时说做这个博物馆是为了吸引人来到你们这个村子，吸引人来买油。当地产茶油，所以我们希望茶油能成为当地新产业的带动点。我们希望这个小博物馆吸引人来，然后通过参与性的、表演式的参观，使茶油变成西河村新产业的拉动力。为此，

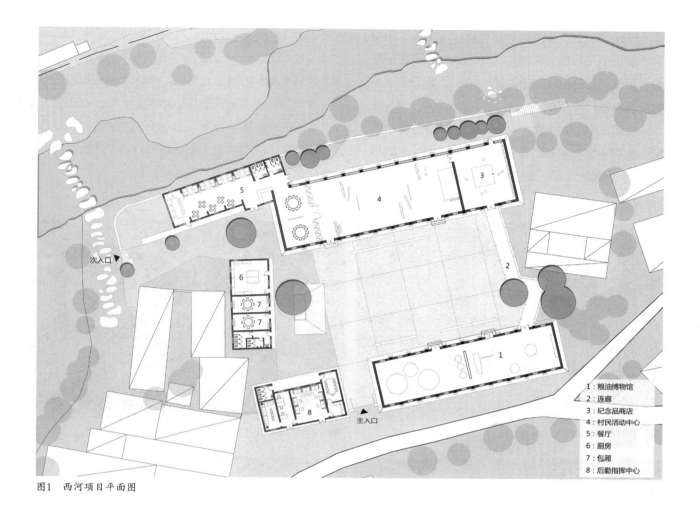

图1 西河项目平面图

1：粮油博物馆
2：连廊
3：纪念品商店
4：村民活动中心
5：餐厅
6：厨房
7：包厢
8：后勤指挥中心

我们让村民收了一个300年的油榨放到博物馆里面，而且在博物馆里完全按照古法榨油的方式进行真实的榨油演示。2014年11月25号那天，时隔三十多年，村民开始重新榨油。

另外，我们希望做一个村民的活动中心（图3）。这有点理想主义，我们希望建筑不光服务游客，还有一部分要留给村民，所以我们把最大的一个房子（大概是12m宽、45m长这样一个大空间）留出来作为村民活动中心。它是未来乡村里的一个公共场所。这个房子建完后，第一波使用者是一个农民，他在这个房子里嫁闺女，举办了一场婚礼。他简单地做了个布置，非常有意思，特别像农村爱情故事。

餐厅是拉动这个项目实现的特别重要的点（图4）。当时我们说你要做一个餐厅，因为这个村庄面临改造，所有的领导都没地方呆，所以要有一

个地方能歇下脚来，要把原来的一个配套房间改造成餐厅。于是就得出了最终的结果：总共3700m²的场地，1530m²左右的建筑，包括一个小型博物馆、一个村民活动中心、一个餐厅以及后勤和办公用房。

我们希望改造后的建筑更公共、更开放。对于内院，我们基本上是把所有信息保存下来。因为这里原来是个晒谷场，我们希望未来它还是一个晒谷场。现在我们还在跟进这个项目，这个晒谷场有时会办一些歌舞晚会等，但是随着农业产业的衰败，晒谷的功能不是特别明显，我们希望它还能恢复。

2 松阳爷爷家青旅

第二个案子也是乡建里比较火热的一类案

子——民宿，是在松阳的一家青旅。这个案子开始设计时也不是从形态开始的，如果说第一个案子更多的是从产业的角度入手，那么第二个案子就更多的是商业推广的角度。

松阳虽地处浙江腹地，但是它离最近的衢州机场大概有一个半小时的车程，离最近的大城市温州大概3个小时的车程。平田村没有规制很高的房子，是一个非常普通的村落。我们做的房子是业主的爷爷的老宅，270m²、2层，一层住人，三开间，二层是原来屯粮食的一个大空间。设计之初，我们认为最重要的任务不是这个房子建成什么样，而是怎么能吸引顾客来，要怎样营造一个具有独特性、经营性的房子。我们的很多想法都源自这个理由，源自推广的理由，拍照片、发微信的理由。

图2　西河粮油博物馆室内（何崴摄）

图4　餐厅西立面（何崴摄）

图3　从古民居看改造后的村民活动中心——夜景（陈龙摄）

改造后的建筑外观基本上没动，尽量保持村庄的原貌（图5）。我们把一层改成了一个公共空间，我们认为，在村庄里公共空间是非常必要的，它可以成为住户和游客的集散地。在改造上，做法是比较简单的，把原来的地梁和木头隔板拿掉，将原来的三开间变为大空间。考虑到它未来可能会有新的用途，或者多功能使用，改造的措施是可逆的，这样处理可以适应不同的使用要求。

二层，我们作了一个大胆的尝试。在旧建筑改造的问题上，我们特别反对"修旧如旧"！我们谈"复兴"，说"复"太多了，基本上都是向后看，不敢说当代的创作和向前看。在这个案子里，我们想作一些尝试，把新的元素和老的元素并置在一起，但是它们又是能够共存的。当然，还有一个原因，我觉得是为了有一定的视觉传播性，是为它的经营作准备。我们用了一个"房中房"的概念（图6、图7），就是房子里面再套"房子"，这正好符合中国原来的架子床的

概念，后来我们也在闽北民居中看到了类似的做法。同时，我们想保住这个大空间和它多功能使用的可能性，所以我们用木榫结构做了"房中房"的框架，然后用轻质的阳光板来作围合，主要是希望降低它的荷载，这样就可以使它的一层不需要去作结构加固，也可降低成本。我们也没有把卫生间以传统隔间的方式放置，这样也大大降低了建筑的荷载和改造成本。我们把洗手间集中起来，这样主体部分就变成了一个可灵活使用的大空间。因为是青旅，我们也想有点噱头，所以我们设计的"房中房"是可以游戏的房子、可以互动的房子。房子下面有九组轮子，是可以推动的，两个人就可以把它推走。"房中房"立面上开了些洞，我们希望有这种窥视和半窥视的状态，希望能够找到小孩子观察世界的状态。

光的使用上，我们当时是进行了思想斗争的，因为觉得空间有可能举办party，所以我们用了暖白光和彩色光的双模式（图8）。在开暖白光的时候，

图5　爷爷家青旅外观，与村庄融为一体

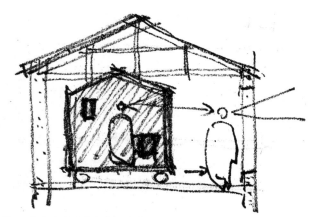

图6　爷爷家青旅房中房概念草图

图7　二楼的房中房

图8　利用彩色光营造不同的氛围

可以看到两种材料强烈的对比，厚重的土墙和轻薄的阳光板形成了强烈的对比，自然光和人工光加强了气氛。设计过程中，我们对各种材料进行了严密的实验，最后选择了2cm的多层阳光板。它和灯带及视线的关系是进行过很严密的测算的，不会出现完全看透的情况。

3 建筑师的角色与态度

我觉得"弱建筑"不是以建筑为结束的，在乡村做建筑的时候，设计的界限是非常模糊的。在西河的项目中，是以产业为引导的，所以当时让当地人收了一个油榨，并把它修复，安装在场地里面，我们也帮农民做了一个油的品牌叫"西河良油"。从最早的"西河粮油交易所"到"西河粮油博物馆"，再到"西河良油"，整套设计，包括logo、材料、印章、纸，都是我们设计的内容。

另外，在乡村做建筑，建筑师应该保持一个平静的状态，或者说保持一个谦卑的状态。这是建筑师在乡村里面特别应该具有的态度，不是以导师，而是以合作者和学生的状态。我觉得尤其是要向当地学习，要向工匠们学习。比如在西河项目中，工匠们告诉我们用灌沙子的方式去固定铺装，这样做，既环保又极具地区性。这是我第一次，作为城市建筑师被震撼到，很多传统工艺我们原来是不知道的，这是中国建筑教育的缺失，是应该加以保留和重视的。在设计过程中，我们意识到不要把设计做得太满，所以我们故意不把施工图画完整，要留一些空白给工匠。我认为，在乡村建筑中，50%看图，30%现场调，20%留给工匠发挥。

在西河项目中，有一面非常有意思的花墙，是根据地方砌砖的方式变形而成的，我们在设计的时候也不确定它是否能实现。当时的工匠叫张思齐，他特别厉害。我们两个星期后去现场，发现这个墙已经被立起来了。后来在现场和他聊天，他说这个墙是他砌起来的。他的原话是这么说的："我看到这个图，这种花墙我们这里也有，但不太一样，我发现这是设计师在为难我啊！但是我想了一会就把它解决了！"我当时说："你太牛了，我一定要给你照张相。"2016年，我把张思齐带到了威尼斯双年展，在展览上临时砌了一道墙。虽然由于经费原因，他没法砌得像原来那么大，但是还是把意大利人给震住了。我认为这是一种地方性与全球化的对话，也是手工建造和大机器生产之间的对话。

最后，我觉得乡建其实不是建一个房子，是重建一个社区关系和重建信心，这个特别重要。我觉得建筑师的工作很多时候超越了建筑本身，是在做一项社会工作。西河的项目是非常有故事的，由于时间关系，我就不展开了，这里面有返乡创业的青年的故事，也有智障村民参与劳动后身体好转的故事。最后我想说，在项目结束后，当看到村民涌入空间，并自由穿行的时候，我觉得建筑师的付出都是值得的。

谢谢大家！

相与象

王 戈

北京市建筑设计研究院有限公司副总建筑师

有幸与在座诸位学者来研讨一下"地区建筑"。关于地区建筑的理论，包括其定义，前面王竹老师已经给我们上了一课，我在这里想讲的是我对地区建筑的一点实践以及思考。我认为，大家说的"地区"，实际上研讨的范围主要还是在中国，所以基本上不管是理论研究还是设计实践，都无法回避中国意象和中国味道这个话题。

意象本身有很多的分类，它可以具象，也可以抽象。当然，它也可以无象。我是一个盖房子的实践建筑师，我认为在实践的过程中，针对不同的地区，具体的"象"可以有多元的表达方式。

刚才范老师提到，他有感于建筑设计需要引导，否则业主不知道怎样才能审美，只能在工程层面讨论。回顾我近十年在中国地区的设计，我自己更感兴趣的也不是营建或者工程的品质，而是从基本的安全到最高的精神和价值取向。

王竹老师上午的讲座，给了我们一个总纲，我以前没有向王老师讨教，今天算是撞着了。我的提纲也是这样写的，是我对实践的一个总结。简单地说，我认为最后的这个"相"，就是我们"相"看一个设计或者我们找到一个建筑应该做什么的时候，其实应该忘掉一个真实存在的建筑的"象"，否则不管是美术老师、文化学者还是文保学者，都会认为我们的这个"象"有失偏颇。所以刚才看到很多老师的很多设计，就是忘掉了"象"的本身。我认为这样的设计非常有意思。

1 安全

首先，我想谈谈最基本的概念——"安全"。我认为安全本身是一个太中性的词，其实更多时候说成"踏实"较为准确，就是人们在你的房子里感受到了"踏实"。我们做的乡土建筑或者地域建筑，都是期望人们在特定气候里获得一种比较好的体验。例如我们在深圳设计的一个外廊式的住宅（图1），在这个设计中，通过竖向百叶式的设

图1　深圳紫悦山

图2　重庆云会所

计，让人们在里面感受到的，一是安全，另外一点是光线由刺眼逐渐到温和的过程，使得人们回到家时会有一种情绪及气候的调试。我认为，最初的地区建筑的基本思考，就是如何面对气候而采用的一种被动式的设计方式。

除了人的物理上的踏实以外，精神上的踏实也很重要。例如我们在重庆设计的一个"云会所"（图2），是位于新开发的两江新区的一个项目。人们在非常空旷的地区是容易失去安全感的。针对这一点，我们选的设计方式是建筑被各种围墙包裹起来，并且在建筑里赋予一种温暖的会所文化。大家知道重庆有个湖广会馆，这是一个同乡聚会，能够找到亲情的地方。附近的龙安古镇也是一个很多移民的聚居地，热闹得很。虽然这个项目周围没有什么房子，建筑本身却在寻求一种自我保护的方式。院子里面移植过来了清朝的老房子，从而产生了一种对场所的新的定义。小结一下第一部分，做地区建筑最重要的就是让人感觉舒适、安全和踏实。

2　隐秘

第二部分，我认为人们需要有一个更强烈的心理上的体验，即人的需求会从身体上的需求逐步上升为心理上的，再到更远的地方。所以，我认为第二部分的关键词应该是隐秘。

我们在深圳设计过一个住宅区项目——万科第

五园（图3）。从最开始的草图、模型到最后建成，其实有这样的意图：让居住者不易被别人打扰，从而获得一种相对宁静和自在的感受。设计大量运用的是园林空间设计中的上抬、下沉、界定、通透等手法。我们处理这些空间的时候，更多的是通过人的感受来判断这样设计合不合适，而不是出于视觉效果的考虑。包括这些冷巷，研究民居的学者非常清楚，在炎热的地区会很凉快。

这个设计实践给我带来了很多新的体会，当时参阅了很多项目相关的博士论文，其中讲了岭南地区、广东地区的气候，我发现真正有帮助的还是从民居的本源出发，找出形式的起点以及让人舒适的起点。所以，对于这种非常密集的集合式住宅群，让人感觉到很踏实是非常重要的。无论是从上面一户往下看，还是从下面一户再往下看，他们是互相看不到的。设计中所有的开洞、通风、采光，私密性都是非常重要的设计着眼点。

过了几年，我们在上海也设计了一个类似的居住区——上海万科第五园（图4）。它的"隐秘"就不是完全源于气候了。大家知道上海的气候并不那么恶劣，其实是一个相对温和的状态。我们关注的是城市里的人聚集在一起的时候，他们希望找到的心理和生理之间的一种舒适的距离。所以我们在设计这个项目的时候，除了增加一些温暖的感受以外，在房子的配置以及空间灵活性方面作了很多尝试。例如楼板底下是从地下车库出来的一个半室外的花园，主人先经过一个有顶的院子，然后进入家门。这样做的目的其实都是为了让里面居住的人找到一个更加放松的空间情景。在大城市，大家拥挤在一起像刺猬一样，如果自己能有一个安贫乐道的小空间，是多么美好的事情！再比如两户之间的围墙，墙不要太高，看不过去就好，但是也不要太低。包括整体灰色调的应用，都是希望让人在相对拥挤的建筑群里有一种相对放松、安全、隐蔽的感受。

3　雅趣

在以上基本要求以外，再往上一个层次，我觉得就是"雅趣"。我们在不同的地方访问或是旅游时，往往会发现当地人都有当地特殊的生活趣味，所以我们在做这些项目的时候，会针对这些特殊的趣味进行一些有意思的调侃。

例如我们在苏州樾园设计的一个售楼处项目

（图5），项目位于木渎区，是苏州比较偏远的一个区域。我们最后选择了一种略带"调侃"的方式：项目旁边有一个开凿的山，售楼处形似山里挖了很多洞，就像园林中的太湖石。我们也设计了一些绕来绕去的迷宫式的空间，其实就是一种调侃：它在苏州吗？好像在，又好像不在。我觉得有了这种轻松的心态，房子本身就不太重要了，一个洞的位置到底对不对也不重要了。在建筑内部，我们设计了一些小廊子，也是在调侃建筑与苏州之间的关系。在这个廊子中也可以走来走去，但跟传统苏州园林的廊子不一样。这种半透明的、轻薄的、厚重的廊子的围护结构以及树木枝蔓的这种松动，其实都是希望能够传达一个信息：苏州园林，我很愿意跟你交朋友，但是我又不模仿你。

再比如我们在成都设计过的一个项目——青城山房和青城书房（开发项目叫青城山房，里面一个小酒店叫青城书房）（图6）。成都人比较爱玩，也

图3　深圳第五园　　　　图4　上海万科第五园

图5　苏州中航樾园　　　　图6　成都青城山房

特别有意思。所以我们在这个项目里加入了更多更加轻松的东西，包括奇怪的小院，随意且自然生成，和民居衍生出来的形态是一样的。它们的门头设计不同于一般的别墅做法，虽然作为日常生活住房，这个做法挺复杂，但是作为都市人的第二居所，作为人们放松的地方，这个设计很受欢迎。这个项目的室内设计师特别热爱生活，也做了很多更温馨的"小"设计。从建筑师的角度来说可能不会设计成这样，但由于大家是在一种宽松的状态下合作的，反而使房子变得更有趣。小酒店的屋面和整体的竹木做法都是比较自然的，运用了很多当地材料，如小青瓦、石板等。这个酒店原本是一处民宅，我们在原址构筑了新的房子。园林设计上以"渔、樵、耕、读"四个景观板块形成它的气氛。这个地区建筑的设计，更多的是和当地的气息在玩儿。

4 往事

此外，可能也因为我年岁渐长，开始对那些需要回忆的或者生命中一些无形的事情更感兴趣。

例如我们在重庆的一个项目——万科渝园（图7），我们希望它是有回忆的，能够使人觉得岁月和时间是很美好的东西。设计一方面要与山地有一个呼应；另一方面，希望能够给大家一个模模糊糊的印象，即小时候生活中的一个场景。

再如我们在武汉设计的万科润园（图8）。这里当年是一个精密仪器厂，是绿化先进单位，我们在设计这个项目的时候没动场地里的一棵树。事实证明项目是很成功的，受到了很多人的喜爱，尤其是那些老员工，他们都愿意回来看一看这个建筑。我们当时做了很多模型进行对比，把所有的树建成了三维模型，包括树的高度以及枝条的大小。景观设计师也非常出色，我们在合作过程中保留了很多原来的小树林、幼儿园、水塔及从前的一些小场景。同时，我们学习了当年老厂房的一些遮阳做法，例如这种能够翻转的百叶，使得光线更柔一些。最后的结果是树和房子很好地长在一起，其中一个小

图7 重庆万科渝园

图8 武汉润园

的设计调整是将当年厂房的红砖改成了较深色的面砖，让整体颜色更温和一些，不那么燥热。

5 民俗

在另一些项目中我们会重视地方民俗，我认为很多时候精神层面上的东西往往会比物质层面更有作用。

例如20年前我们在昆明做的一个行政中心高层办公楼项目。由于场地对着一座山，所以我们把高层的山墙做成了主立面，同时，在主立面运用了牛角这一图腾的形状，试图从民俗出发进行设计。最终，评审者认为这个创意很好，因为它象征了希望；同时作为一个政府的行政办公中心，它更有气势，或者说风水更好。因此，这个项目成了中标方案，历经了七八年时间才建成。

6 宗教

由物质到精神层面后，下一个目标是宗教层面。我们在地区建筑设计中会面对许多涉及宗教的话题，比如去年建成的银川华夏河图民族村项目（图9）。银川本身是一个多民族、多宗教汇聚的地方，也是国家"一带一路"战略中的重要一站。这个项目设计过程中我们遇到了一点审批上的麻烦，即不提倡除汉族以外任何民族的符号。因此，最后我们选用了一种"灰"的形式，一方面它会有一定的宗教感，同时它又比较模糊，说不清是哪个宗教。最后给人的感受是，好像既可以说是汉族的，也可以说是阿拉伯的，似乎跟回族也有点关系。我认为这种模糊性有时跟中国文化非常相似，即它没有特别强烈的爱恨对错，似乎什么都可以。建成以后这里举办了一个中阿论坛的文化活动，艺术家们已经入驻其中进行创作。

我们在庐山设计过一个叫"望会所"的项目。

这个项目基地很大。在设计的时候，我更愿意面对的是看似没有具体形状的东西。建筑的主立面朝南，它的前面就是几百年的大樟树。大树后面，有一道白墙，墙上有非常小的瓦。瓦屋顶、白墙及树，这是场所存在最重要的气息和证明。当树影投到这个白墙上时，树好像活了一样，非常有意思。房子本身设计得非常简单，为了呼应远山上的瀑布，做了一个跌水墙，同时设计了一条甬道正对瀑布。这样，在直接能看到瀑布的情况下，还可以听到水声。水声和树影，是这个项目最重要的一个立足点。

7 生命

除了宗教以外，更多时候我感受到了生命的存在。所以，生命层面是我认为的终极层面。

最后一个案例是在甘肃的古动物化石遗迹馆项目（图10）。这里是"三趾马"——一个很大的族群的灭绝之地，有化石埋葬区的岩壁以及非常大的山川。在西北地区那种壮阔的群山里穿行可以强烈地感受到生命是那么脆弱。所以，我们最后确定的体形像一个胚胎——一个婴儿卷曲在母体里的形状。因为当地施工和观念的原因，有些设计没有最终完成。这个项目直到去年才基本建成，还在不断地修缮。

以上是我的一点点体会，地区建筑的"相"最终要回到生命本身。谢谢大家！

图9 银川华夏河图艺术家村

图10 甘肃和政古动物化石遗迹馆

文旅产业的生态

王　旭

SMART度假产业专家委员会秘书长
ZNA建筑设计事务所董事
AIM国际设计竞赛组委会主席

在2012年之前，地产行业还处于热潮中，文旅产业刚刚起步，几年来大量地产商转型做文旅，但呈现出的现状却是大多数地产商只会开发，几乎没有几家擅长运营，更不用说内容整合、创新了。对于地产开发商而言，如果所投入的文旅项目运营不好，结果将导致无法产生盈利。而目前大量的地产开发商在投资时其实并未考虑过运营，这在地产商转型文旅的情况下非常普遍。综合来看，行业内专门服务于综合体的培训机构，专注于产业生态的研究机构、策略机构等都很缺乏。

当然，也会有一些知名的央企，或大的地产商与国际酒店品牌合作，然后来选择设计方。但从2013年左右开始，传统酒店品牌日渐式微。因为这和现在所提到的文旅产业，如乡村综合体、度假综合体、非标产品已经不是同一个概念。实际上，从对度假产业的研究来看，不论任何产品，内容和核心的创造能力，包括自我生长的能力才是第一位的，尤其是针对乡村文旅而言。

1　文旅地产和传统地产的差别

作一个比喻，文旅地产和传统地产的差别，就像IPhone和诺基亚一样。传统手机厂商都是生产硬件，拼不出来什么花样；但IPhone面世后，就有了一大批的软件工程师。这个时候，硬件不再是门槛，关键在于整合。好比App Store，智能手机催生了很多软件开发者，他们可以产出很多好的内容，但作为手机厂商，你无法一个个作对接。而在有了App Store这个平台后，开发者会自然汇聚在这上面，而且平台对他们有分类排行，你可以结合个性化的设置按需下载。

另外与App Store不同的一点是：作为一个综合性的文旅地产，需要重新组合，但事实上很多开发商没有能力或者根本意识不到，多业态需要构成一个有机的生态整体。

在多业态的生态里，与传统度假地产的大规模投入、拿地、做硬件等自上而下的开发模式相比，

图1　日光山谷营地乐园

图3　裸心谷

图2　雅安雪山村

目前众筹众包以及民间力量的自下而上的生长模式更适合文旅及乡创。在这些资源里，可能涉及的有：精品酒店、客栈民宿、农场农庄、特色餐饮、手作民艺、亲子见学、有机农业、生鲜电商、新媒体，NGO、设计类等。

乡村是一种自然的状态，可以集众多小而美的

产业于一体，形成更为复杂的生态系统。开发商模式适合简单复制和大规模投入，应对这种复杂模式需要面对很多困难，而和村民的产权问题，无论是对独立的民宿管理者还是大规模的产业投入开发商都是棘手的问题。因此乡村旅游更适合平台化思维，不少乡村创客已经感觉到平台化拥有更多的创

新点和活力。这些小而美的项目因为这些创客的存在而使品质更有保障，如果让景区开发商或是当地政府来规划布局较为复杂、多元化且各种元素混搭的部落，现实中的难度可能都会让人疯掉，但对于创客而言，这些都是他们非常擅长的事情，而且创客们自身的情怀和能力是结合在一起的。

2 横向延展"经营人群"的趋势

文旅产业、全域旅游，其核心是人才争夺战。不要总强调什么资源，好的资源到处都有，硬件也不是门槛。很多政府慢慢意识到，在文旅项目里，引资不是关键，关键是用什么政策把人才吸引进来，如何制定产业布局策略。毕竟，只有这些人群进驻的业态沉淀出品牌，整个文旅综合体后续才能发展。

但品牌从起步到成长都有周期。以民宿为例，目前，文旅、乡创综合体内业态的丰富性在增加，包括品牌方面。从裸心谷的历程来看，它从住宿扩展到生活方式，在这个主线下，后续延展的裸心堡、裸心帆以及在城市里的裸心社，服务的是同一个人群。无论这个人群是在乡村度假，还是在城市办公，都在他的品牌体系之下，这就形成了一个非常强大的社群，这个品牌往往会作为KOL，引领这类人群的生活消费方式。类似这样的，可能在亲子主题乐园、自然教育、户外运动、露营等行业里其实都在慢慢衍生，但需要一个过程。

所以能够看出，很多其他民宿品牌正在效仿裸心谷，这也是行业发展必然的路径和趋势，因为抱团拿项目使成本降低，保险系数提升，谈判筹码加大，先从单点突破，当品质标杆做到了以后，开始横向发展。

现实中大家都在谈运营，但如果真正深入到各个民宿里去看，对于真正懂的人而言，大多数只不过是维持它的运转而已。所以和打磨产品一样，其中的很多细节还需要优化。因为传统的人才培训体系已经不适配，应该与当地高校区联合培养专项人才，通过实训基地的培养，尽快成长为行业的第一批种子选手。

在目前的状况下，乡创、文旅都需要把聚集的资源、服务方和投资机构整合在一起。往往当这些资源链接到一起时，会产生一个不可限量的化学反应的生态圈。

图4 SMART乡村创客大赛

图5 乡村创客市集

笔墨当随时代：以希望小镇为例试论新农村建设中的地区性

王志刚

天津大学建筑学院副教授

笔墨当随时代——语出清代画家石涛，强调艺术贵在创新。对于地区建筑研究与创作而言，可以理解为强调设计对"此时此地"的关注，即如何面对现实、积极应对，尽可能地利用有利条件和不利条件，使之成为设计的依据与资源，体现为"质朴、务实、理性"的设计定位。

1 新农村建设中的地区性

1.1 地区性

建筑的一个基本属性，体现着建筑与所在地区的多方面环境因素的关联。建筑地区性的定义："建筑（单体建筑或建筑群）在一个特定的地区和既定的历史时段内，与该地区自然和人文环境的某种动态的、开放的契合关系，并且由于具体的条件不同，其表现的方式、复杂性以及程度都存在差异。"[1]

1.2 新农村建设

新农村建设包括经济、政治、文化和社会等方面的建设，实现经济繁荣、设施完善、环境优美、文明和谐的人居环境。中国传统村落调查统计表明，现存的具有传统性质的村落近12000个，中国传统村落名录先后收入村落2056个，据统计，我国行政村数量约为640000个。由此可见，未被列入名录、没有制定保护发展规划的"普通村落"是构成我国村落的绝大多数。对于中国大多数普通乡村而言，新农村建设的任务不仅仅包含对传统文化的挖掘与保护，也应关注现实问题和未来发展。

---

1 单军. 建筑与城市的地区性：一种人居环境理念的地区建筑学研究. 北京：中国建筑工业出版社，2010.

1.3 华润希望小镇

华润希望小镇是央企积极响应党中央"以工促农、以城哺乡"的号召，发挥多元化经营的优势资源，利用企业和员工的捐款，帮扶贫困地区和革命老区发展的一项创新实践，是"整村推进、连片开发"扶贫模式的实验，也是社会主义新农村建设和城镇化建设的探索。华润希望小镇是通过环境改造，改变农民的居住环境；通过产业帮扶，帮助农民发家致富；通过组织重塑，以农民专业合作社为平台，引导农民发展新型农村集体经济，重塑农村治理结构，走可持续发展的道路。从2008年以来，已建成广西百色、河北西柏坡、湖南韶山、福建古田、北京密云、海南万宁、贵州遵义、安徽金寨等希望小镇，江西井冈山希望小镇、宁夏海原希望小镇也正在规划建设中。

从2013年3月到2016年6月，张颀教授率领天津大学团队负责安徽金寨华润希望小镇的调研与设计工作，整个过程历时3年3个月，包括30多名本科生、硕士生、博士生及教师参与工作，3名设计代表驻场指导施工，得到了天津大学建筑设计规划研究总院、天津大学建工学院土木系及水利系等部门的教授及专家的协助。

2 安徽金寨华润希望小镇设计简介

2.1 基地概况

安徽省金寨县位于皖西边陲、大别山腹地，地处三省七县二区结合部。华润希望小镇选址在金寨县西南部的吴家店镇，与湖北省罗田县接壤。县道吴西路和竹根河穿境而过，除古堂村口道路，其余道路均为狭窄土路。竹根河现状为卵石河滩，自然护岸由于修路和挖沙而有所损毁。竹根河两岸缺乏直接道路联系，车辆可在枯水季通过河滩与吴西路相接。基地内水塘密布，集蓄水、灌溉功能于一体。电力与电信设施基本满足需求，无路灯和环卫设施。除部分地区有市政统一供水外，大部分农宅使用山区自备水源，农宅均采用无组织排水。炊事用柴薪或瓶装液化气。冬季取暖采用火塘、电暖器等。现状公共服务设施简陋且布局散乱。基地内没有历史保护单位或文物建筑，传统民居和祠堂基本损毁且特色并不鲜明。建筑风格杂乱无章，建造质量较差，"欧风"泛滥成灾。小镇建设用地有限，且较为分散，以姓氏族群为基础的自然村落分布于竹根河两岸。规划用地总面积107.3hm²，其中耕地1093亩（含林地），涉及古堂村和松子关村两个自然村300户、1200人。

2.2 规划目标

金寨希望小镇的规划建设将着力体现对美好的、生机勃勃的现代化乡村的追求，实现传承乡村文明基础上的现代化和城镇化，变现状杂乱无章为一首山水田园诗篇。

绿色生态小镇：金寨希望小镇将结合山形地貌，注重保护传统村落格局与环境景观，强调村落整治与山、水、林、田间的有机互动和生态保育，大力推广绿色建筑与生态循环技术，建设绿色生态的人居环境。

简约现代小镇：金寨希望小镇将完善市政配套设施，健全适宜的公共服务体系，打造安全、美观、和谐并具备鲜明地域特色的简约现代小镇。

经济活力小镇：金寨希望小镇将通过华润集团的产业帮扶，利用华润的资源和渠道优势，发展特色农业，活跃当地经济环境，同时通过组织重塑，建成可持续发展的活力小镇。

2.3 规划内容

良好的环境整治和得体的民居设计：环境改造的同时保护山林、水体和田园风光。限制拆改和新建的工程总量，适当迁并民居，形成完整聚落。通过新建与修缮提升村民住宅的居住设施配套标准，改善民居周边环境，协调建筑外观，满足现代生活与景观整治需要。

完善的配套设施和绿色的能源供给：新建综合

服务中心与六年制完全小学，改建敬老院或修缮组团公屋。合理规划能源供给，确保污水污物处理生态化，充分利用可再生能源，并划定循环农业示范区。稳步推进小镇建设并保证未来的持续发展。

优美的景观塑造和活力的山居生活：保持小镇山区特色的景观结构，塑造小镇优美的整体景观环境。保护和修缮规划用地范围内有代表性的历史建筑，在功能设置上兼顾当地风俗习惯与民俗活动传统，丰富小镇居民的精神文化生活。

2.4 规划设计

金寨希望小镇规划设计充分结合当地的人文与自然环境特征，突出并强化空间格局、交通网络、文化景观、生态聚落等四个方面的特点和特色。

空间格局——一河两岸，面水依山。竹根河南北贯穿金寨希望小镇，川流不息，一统全局，村落组团分布于东、西两岸，近有亲水景观，远有群山呼唤，空间层次分明、尺度宜人。规划尊重小镇原有的空间形态，特别强调河岸的生态整治和景观规划的统领作用。新旧建筑结合山形地势，面水依山，珠落玉盘。

交通网络——三纵五横，阡陌相连。以吴西路等三条纵向道路和古堂与松子关村间的五处过河坝、桥、路等，形成村落间便捷的交通联系。同时，利用并改善遍布于村落及田野间的阡陌小路，形成便捷又极富乡土气息的乡村路网。

文化景观——六村八景，渐次呈现。通过规整现状凌乱的布局，形成六个居住村落。强化各村落间的景观廊道和重要的景观节点，形成自然与文化相融合的芸薹春华、高塘旧事、竹园叠翠、吴川印

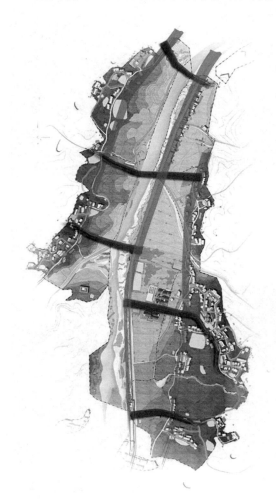

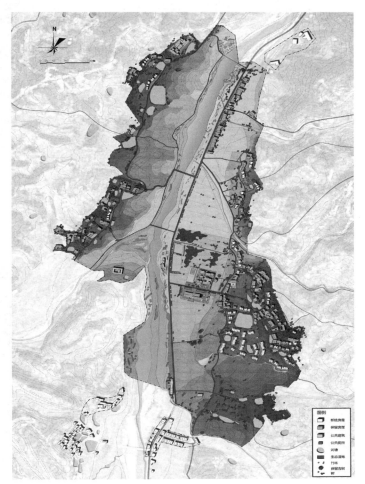

图1 规划特点——三纵五横的交通网络　　图2 规划总图

月、林苑秋色、乡塾冬暖、古池烟雨、金湾毓润等八处文化景观，充分展现金寨希望小镇情景交融的四时四季和现在与过去。

生态聚落——九塘十团，雅居山间。尊重村落原有生态格局，合理预留发展空间，保护古树、整治池塘，重塑传统村落的人居环境与文化氛围。规划民居以组团方式聚集，与山林水塘和谐共存，以粉墙黛瓦、明快的色彩和雅致的造型，营造"不共垂杨映绮寮，倚山临水自娇饶"的山居意境。

此外，在组团设计中，兼顾传统聚落形态和现实居住需求，并使用技术软件模拟优化通风及日照环境。结合小镇未来发展趋势，通过与相关专业及有关部分配合，对小镇的能源工程、道路工程、给水工程、排水工程、污水生态处理以及环卫、照明工程乃至产业发展与河道整治均进行了细致的规划设计。

图3　小镇建成鸟瞰照片

图4　小镇猕猴桃种植基地

2.5 公建设计

新建公共建筑主要包括综合服务中心、小学及幼儿园、养老院（后改为村民活动中心）。综合服务中心、小学及幼儿园选址于古堂小街入口道路南北两侧，占地约1.8hm²。其中综合服务中心位于路南侧，占地0.76hm²，包含村委办公、卫生院、超市、展厅、阅览、文化活动等功能，并在东侧结合地形设置了简易的露天剧场。小学及幼儿园位于路北，占地0.94hm²，包含一个幼儿园及一个六年制小学，其中小学配备了食堂、阅览室、音美教室、学生宿舍、教师宿舍及留守儿童之家，为乡村儿童提供了一个良好的学习与生活环境。养老院为原小学改建，后因管理问题改为村民活动中心。

小学及综合服务中心设计均采取化整为零的方法，通过体量打散使建筑尺度和布局肌理接近于邻近的聚落组团，尺度宜人的檐下、外廊及庭院空间，为使用者提供了游憩与交流的场所。立面取自传统民居风格，开窗兼顾功能需要与景观视线，墙面采用实用、经济的浅色涂料，屋顶采用与农宅相同的深黑色釉面瓦。室外景观尊重现有地形，尽量采用地方材料和植被，模拟自然的梯田景观，使建筑同乡村环境自然地融为一体。

图5　小学外观

图7　综合服务中心内院

图6　小学与综合服务中心

2.6　农宅设计

新建农宅设计充分尊重当地村民的生产生活习惯，通过梳理当地传统民居与新建农宅的典型平面布局，共设计了面积为90m²、120m²、160m²和180m²的四种基础户型。户型平面设计以堂屋为居住核心，减少堂屋门窗数量，保证供桌墙面的完整。二层局部挑出形成檐廊，使檐廊与堂屋共同组成日常交往空间。结合农村生活的实际需求，在户外预留小客车或农用车停车位，利用体块凹凸局部设置阳台、晒台，满足村民晾晒衣物、粮食的日常需要。造型及立面设计借鉴当地传统民居的体量特征、符号语言及配色原则，坡屋顶与平屋顶相间使用，随形就势、错落有致，强化了乡村"天际线"的地域特征；景观设计中，利用砖石垒砌花池，以竹材搭建篱笆，植以花木形成新院墙，使新建农宅以低调谦和的原生态色彩融入山水环境。

农宅改造存在以下困难：缺少建造时的图纸记录，使用中经历多次加建、改建和功能变化，设计要考虑使用者的经济条件和主观意愿，并要在尽量不影响使用者日常生活的情况下进行施工。因此，设计团队不得不采取"顺势而为"的改造设计策略。通过多次实地调研及结构专业团队的协助，我们首先对现有农宅进行建筑质量评价和分类。采

图8　综合服务中心外观

图9　改造农宅与村民活动中心

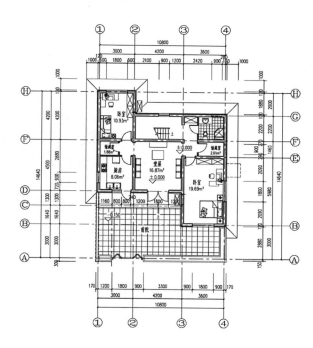

图10 新建农宅D户型

取"少量拆除，适度改造"的策略。对少量存在安全隐患及阻碍主要道路的农宅进行拆除，腾出空地可用于新建住宅，布置基础设施或绿化田地；对绝大多数农宅根据功能需求和外观情况，进行适度修缮、加固与改造，增设室内卫生间及淋浴间，调整立面细部及材质，在提升居住品质的同时，与新建农宅形成和谐统一的整体风貌。此外，部分砖木或夯土的当地民居虽较为破旧，但具有一定的历史价值及美学价值，建议适度修缮加固后予以保留，但不再作为居住用途，改为展示或其他功能。

2.7 传统建筑保护与更新

徐家大院位于希望小镇高塘村柳树脚组团，是小镇现存规模最大、保存相对完整的一组民居，至今已有近130年的历史。徐家大院复合了祠堂和居所两种功能，整体布局紧凑，房间众多，下堂屋、中堂屋和上堂屋三进公屋串联三组天井形成建筑的主轴线。随着宗族的解体以及生产、生活现代化的需要，我们所看到的大院由于居民搬离显得寂寥凋败，而族人历年自发改造也对建筑风貌造成了一定的破坏。设计在尊重建筑基本用途、历史风貌、人文价值的同时，根据居民实际状况，培育老屋新的

功能和活力。工程分为保护性修缮和传承性更新两部分。前者是务实的，包括：复原大院格局，突出主轴线上三进堂屋层层递进的空间特色；回收条石、青瓦等传统材料，请当地传统工匠以原材料、原工艺修葺墙体，复原天井、檐廊，翻新地面，重现乡土建筑特色；对房屋结构构件进行修整、更换或加固，提升建筑抗震性能；设置屋面亮瓦，改善建筑内部采光和通风条件等。后者是创造性地发展，主要针对公屋使用率低的现状，在延续公屋宗族集会功能的基础上，植入乡村博物馆的概念，复原宗族聚议、祭祖的场景，展示小镇的风土人情、发展变化、生产成果。

2.8 废弃建材再利用

在金寨希望小镇的建设中，"可持续发展"已经成为各个环节都在主动追求的共同目标。小镇既有农宅多采用瓷砖饰面外墙，拆改产生大量建筑垃圾，这些承载着农民生活记忆的瓷砖废料，如果填埋，耗资费力且会对生态环境造成危害，经过处理则可资源化利用，当地乡镇企业也亟需项目扶持振兴。出于以上考虑，我们决定对废旧瓷砖进行回收，就地利用原有制砖作坊的人力资源和机械设备

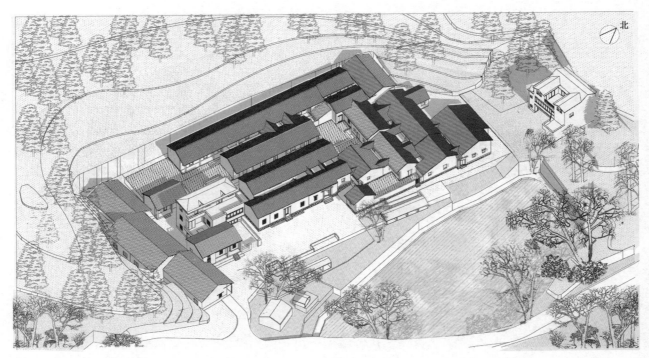

图11 徐家大院——复原轴侧

屋面　　　　　　　地面　　　　　　　屋架　　　　　　　天井　　　　　　　墙面
检修翻新青瓦屋面　替换破损条石　　　打磨翻新屋架　　　修复天井系统　　　修补原有墙面
恢复瓦顶堆花做法　铺设青砖地面　　　恢复鼓屏格扇　　　再现四水归堂　　　保留土坯肌理

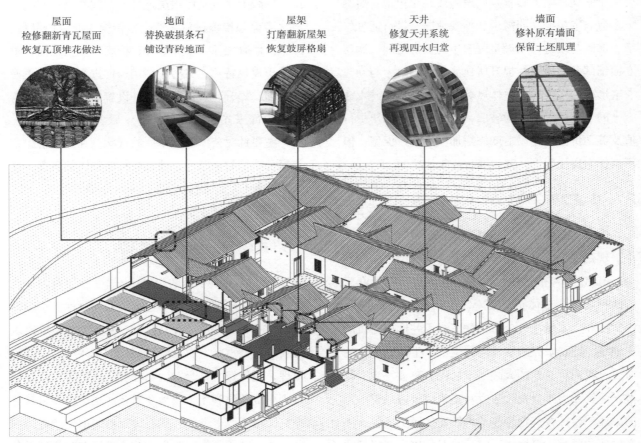

图12 徐家大院——修缮分析

图13 徐家大院——修缮后的中堂屋

图14 徐家大院——修缮后的中堂屋及天井

图15 用再生砖和竹筋砌筑的小学围墙

进行破碎、筛分、洗拣，将废旧瓷砖加工成骨料，用于生产混凝土空心砌块——再生砖。经过反复实验，确定了简单易行的加工工艺，生产混凝土小型空心砌块834块，并将这些再生砖用于砌筑希望小学入口左侧的围墙，在保证墙体质量的前提下，再生砖墙的构造柱中还使用了当地生长的毛竹代替钢筋。

3 结语

金寨希望小镇项目涵盖了从规划到建筑、景观、工程、产业等全部内容，涉及对现代农业自身变化趋势的把握以及农村环境治理、产权关系、村民自治等复杂问题，并且管理者、建设者、使用者均参与到项目计划、设计与管理的全过程中，建筑师所发挥的力量从单纯的专业设计能力进而发展成为"社会协调力"。这个项目的设计不仅使我们对"乡村建设实非建设乡村，而意在整个中国社会之建设，实乃吾民族社会重建一新组织构造之运动"（梁簌溟）这句话有了切身的体会，与此同时，也对建筑地区性进行了初步的思考：我们必须理性现实地看待传统地区文化，甚至针对全球化的负面冲击，应使传统地区文化退回到"种子"的状态，舍弃过多的枝叶，从现实的土壤中吸收新的营养，实现地区性的更新与再生。

*注：照片为高文仲及AA创研工作室拍摄。

论 · 坛 · 篇

F O R U M

"地区人居环境的多元化发展"
论坛发言／2015

阿布力克木·
托合提

新疆大学建筑工
程学院副教授、
建筑系系主任
（维吾尔族）

主持人：王　路
清华大学建筑学院教授

肖毅强
华南理工大学教授、副院长

　　感谢会议能给我这么好的机会来学习交流。今天会议上大家都提到地区建筑、人居环境等概念，最近这段时间，我也在这方面做了些工作，主要是农村住区的设计和改造。去年开始，我也接了一个老村落改造项目，正在做，也遇到很多问题。通过今天的学习，我好像找到了一些新的方法和理念。

　　就新疆而言，我在工作中面临的主要问题，除了今天谈到的很多内容之外，还有多元文化的问题。因为新疆是多元民族聚居的地方，从历史的发展过程中我们可以看到，它是多民族聚集区，还可以看到它和周围地区的交往也比较多。在这种交往和发展过程中，它提炼的历史文化资源也比较多，同时也受到过各种宗教的洗涤，比如原始宗教、佛教、伊斯兰教，这些大的宗教在新疆有过很多的发展，留下很多遗产。所以我们在发展地区建筑的时候要考虑到文化层次，也就是说，不同文化融合在一起，产生了最终的形态。今后的发展中如何才能把不同文化的融合体现在建筑及人居环境当中，可能是更重要的问题。所以我今天听完讲座后，感受到了不同文化在建筑中如何体现的问题。文化是一个柔性的东西，我们要做的规划也好，建筑也好，是对空间的设计；不同文化在空间上的表现、凝聚，对我们新疆来说也是将来要讨论和研究的问题。这方面,目前的研究,据我们所知还比较欠缺。所以今天的会议给我带来了很多启发。谢谢!

孙 澄

哈尔滨工业大学
教授、院长

听了一天的报告,收获非常大。各位老师既有理论又有实践,更多的是理论与实践的结合。我深有感触,像我们这样在学院里从事教学工作同时又有工程实践的老师,责任可能更重大。一方面,自己的作品要影响人们的生活,另一方面也影响自己的学生。所以我来总结三个词,也是大家今天提到最多的:一个是"真实",一个是"真诚",一个是"不要太任性"。谢谢!

王 竹

浙江大学建筑工
程学院教授

今天在座的很多老师的设计都很厉害,我想谈谈我的感受。最近社会上有句话:"东北虎,西北狼,不如江浙小绵羊。"其实我也是"西北狼",是从黄土高原走出来的,现在到了江浙,差别就非常大。20年前,我的学术起步阶段其实是在黄土高原,最近的10年是在江浙。所谓差别大,一方面是地理上的差别,经济、气候等。另一方面,在西北地区作人居环境的研究相对更简单,边界比较明晰,容易发现问题,也容易找到突破;而到了江南,就非常中和,非常复杂,也很困惑。比如说在北方地区,主要特点是冷,冬天保温采暖相对简单,基本原理就是"物理攻击",靠"裹"就行;而到了南方加了"湿",就变成了"魔法攻击",就带来了很多问题,又冷又热,又不冷又不热,不好找路径。肖毅强老师在岭南,相对来说主要解决夏天的问题,孙澄老师主要解决冬天的问题,我这边既要考虑冬天也要考虑夏天,两个是反的,再加上湿就更麻烦。

比如过去在浙江也有做夯土建筑的,因为过去受到技术经济制约不得不这么做。但今天,江浙地区经济都发展了,如果我们再普遍地做夯土建筑,就违背了生态原则。在西北地区做夯土建筑的造价非常低,地广人稀,取材料也比较容易,当地技术也成熟,所以新建筑还可以做夯土。到了江浙,还有人提做夯土,那么问题就来了,一个是技术已经失传,二是代价太大,它的造价比钢结构还要高,那我们为什么还要制造麻烦?

西北地区适合做夯土建筑还因为那里是干旱地区，一般不下雨，下雨就是暴雨，暴雨会迅速形成地表径流，水就流走了。而江浙是绵绵细雨，不断渗透，夯土的强度、保温性能等就会慢慢丧失。我们认识到这些之后，就要在心理上将它放弃，不排除个别建筑师还可以采取夯土技术来回应乡土记忆，但大面积使用不合适。谢谢大家！

周 凌

南京大学建筑与
城市规划学院教
授、建筑系主任

今天听了很多报告，获益匪浅。特别是上午吴先生的报告，高屋建瓴，后面很多老师的实践也很精彩。刚才王（竹）老师的发言，江苏和浙江差不多，都属于冬冷夏热地区。在吴先生的体系里，江苏、浙江属于经济好一些的地区，其他地区经济欠发达，所以面对的问题就不一样。

我最近参与了一些江浙的乡村建设，面临的问题也不太一样。前阵子开了一些会，江浙地区一些建设厅很强势，已经把基础设施全部修好，修得像公园一样，比如经济发达的苏南地区。风貌整治好之后，再做其他事情。上次开会时就有老师提出，中国乡村做得很好，但是我们失去了一点，就是我们传统的乡村精神，比如乡村的自治。一些设计院、规划院发现了这个问题，所以考虑一种自下而上的组织和实施，既保持空间的丰富性，也在组织层面上把乡村的人员关系调动起来。这是我们一直在思考的事情。今天主要是来学习。谢谢大家！

李岳岩

西安建筑科技大
学建筑学院教授、
副院长

我谈谈几点感想。我从本科到博士一直在西建大，可以说是土生土长在西北地区，对这个地区很有感触。首先，我觉得地区的文化非常重要。打个比方，物种多样性对全球生物圈是非常重要的。物种多样性最差的地方是沙漠，沙漠里看不到任何活跃的因素；而在物种多样性丰富的地方，比如森林、湿地、草原、热带雨林，就会感到生机勃勃。我觉得建筑、文化也是这样，今天我们面临的全球化问题，就是信息太发达，各地的信息都一样。我参加毕业联合设计评图，到任何学校评图，感觉真的很缺少对地域性的考虑，我们看不出来这些设计到底是东北还是西北的。

反过来我也在思考另外一个问题。我们大量的乡土建筑都是生长起来的，有各自的文化背景，那为什么在今天我们这样的文化背景下长出来的东西都一样？是不是有它存在的合理性？老百姓是很实在的，很多地方建了新村，有的新村，我回过头再去看，它自然而然地也体现出生长的活力，也很漂亮。那是不是我们今天的村庄、城镇再过50年、100年也会出现一种新的文化状况或者是建筑文化的状态？

所以今天有这么一个地区建筑的研讨会，让我们看到各种各样的想法，我非常高兴。不应该只是一种方式和做法，应该有向前看的，有向后看的，有原地踏步的。我觉得这是个非常丰富的会场，我也在努力地学习。谢谢大家！

柳 澎

中国建筑学会建筑师分会秘书长、北京市建筑设计研究院有限公司副总建筑师

谢谢主持人给我的机会。其实我是清华的学生，现在回到学校，在老师们面前说话有些忐忑；在场的也都是老师，让我更忐忑；又要在地方的老师面前谈地方，更忐忑了。我就谈谈感受，就是咱们这个门里和门外的事。大家都是圈内的人，在门里谈学术的事。但我觉得，可能我们最重要的技艺是在门外，在那些真正操刀建设我们城市的人，还有管理我们城市的人。所以说我们更应该对外发出声音，而且要更持续、响亮。对建筑设计者而言，要传播一种地方的态度、意义、匠意。对公众、管理者而言，我们的学术表述在他们面前其实是非常脆弱的，但是如果我们学界能发出一些共同的声音，融合我们共同的态度，实际上能帮助这个社会做得更好。

另外，我觉得可能设计做得太久之后，功利思想会比较重，总希望能够学到一些马上能用的东西。但是通过这个会可能可以纠正我的一些想法，因为我觉得对于学术团体来讲，做一些基础性的、"没用"的东西可能更重要。今天我看到关教授讲的文化方面，他上来并没有讲我这个东西有什么用，有什么用在于大家自己去发现。但我认为，没有价值其实是意义很大的；有的东西太有用了，我觉得反而是有风险的，因为我们如果失去了匠意，只有技艺的话，是挺可怕的。谢谢大家！

崔 彤

中科院大学教授、
中心主任

上午听了这么多精彩的发言，我作为经常在北京作实践的人，真是很惭愧，也很羡慕。以这个标准来看的话，好像离开北京才能做得更好。看了鹏举的这些设计，很羡慕——直接在草地上的设计。前一阵子也听过赵老师在重庆的实践，叫山地。哈尔滨的，叫寒地。那么我们这个就没"地"了，在平原上，也不"山"，也不"草"，也不"水边"，在皇城根下，百般受到压抑。在北京做设计，唯一能受益的是政治影响，但是不能把它叫做政治建筑学，还是要谈地方建筑。所以，在北京，很困惑，不知道该往哪个方向，可能特色还真是慢慢不鲜明了。我想是不是应该远离或者离开一下，也许能找到一个"在地"的感觉。

王 昀

北京建筑大学建
筑设计艺术研究
中心主任、方体
空间工作室主持
建筑师

各位说得特别全面了。刚才崔彤说北京不是地区建筑，其实就是一种特殊的地区建筑。他讲的所谓政治等各种因素，恰恰形成了新的建筑的感觉和可能。所以，北京的建筑就是和其他地区的建筑不一样，虽然也都是看上去方方正正。我看咱北京的屋顶和南京的就不一样，墨菲原来在北京盖大屋顶，在南京也有那个时代的大屋顶，但还是不一样。所以我觉得这种细腻的微差，可能是我们当代需要培养的一种感觉。现在信息发达了，而且材料都一样了。这些建筑材料，比如超白玻璃，长安街上的是淄博生产的，它就带有淄博的材料特征；大理石很多，伊朗的、意大利的，其实也把异域风格带来了。所以我在想，地区建筑这个课题，我们肩负的责任太重太大了。探讨这个事情实际上是一件很有难度的事儿，如果探讨好了，确实是给世界作一个示范，在全球化的背景下能找到一种结合地域文化的方式。

今天吴先生开篇的演讲中有个让我特别有感触的事，就是对于地区划分的新的思考。比如一路一带，我发现"一路"已经不是我们过去狭隘的地区概念了，因为整个北边到欧洲这么大一片将来有可能就是一个地区。所以，究竟这个世界可以划分为几个地区，是我们下面面临的非常重要的课题。过去省、市的概念在逐渐弱化，现在完全是非常大尺度的，比如京津冀一体化的概念。从北京到天津去看，我感觉天津的建筑特别有地域味道；天津的老师到我们这一看，北京也会有一个地域味道。但是现在京津冀一体化了怎么办，这也是以后面临的问题。谢谢大家！

张玉坤

天津大学建筑学院教授

今天这个会非常有意义。我们现在也面临一些地域性的问题。实践中，现在的建筑都是现实的反映，而且都是人的观念的反映。如果我们不主动考虑地域的问题，可以撒手不管，总会有东西出来，也会有一些地域性，但关键是我们要什么样的地域性。比如北京，首先尺度特别大，街道的尺度和天津不一样，实际上，两个城市只有城际高铁半小时的距离，但差别却这么大。我理解的地域性的研究和地域性的创作，这两方面应该结合起来，就是理论研究要用到建筑创作中去。

再一个问题是，不太从事理论研究的建筑师，我也希望大家主动去了解、理解不同地方的地域性。今天参会的专家，几方面的人都有，我觉得这样挺好，但还应该加入地方官员、老百姓，大家都要了解、理解地方性才行。我估计我们的建筑创作可能也受到了一些地方的"干扰"，并不见得所有的想法都能实现，这当然也体现了一定的地方性。究竟是谁的意志，谁在支配地方性？官员都要表达它们的地方性，可是怎么表达？是由官员、老百姓还是建筑师来决定？这是一个很难的问题。谢谢大家！

范霄鹏

北京建筑大学建筑与城市规划学院教授

我谈几点感触。从切身体验来说，我们从1991年开始在西藏调研民居，跑了二十几年。之后我2003年离开清华到了北建工，现在是北京建筑大学，教历史教了好多年。地区建筑早就应该搞，当然现在搞总比不搞好，要加强点宣传。去年搞了一个传统建筑的分会，我在那发言，其实是检讨。我们写论文，一般都是千字一面，长得一样，作为教师，难辞其咎。设计师把城市都设计成一样的，说明我们对地区建筑的东西教少了。所以，现在要进入到高校的教学体系中去，这样才能更加有效。谢谢大家！

何　崴

中央美术学院建筑学院副教授、数字空间与虚拟现实实验中心主任

感谢单老师叫我来参会！我是在中央美术学院的建筑学院教书，也是清华的学生。上午听吴先生的讲座，我注意到他提出一个观点：未来的地区建筑会是科技、人文、艺术的结合，这是必然的趋势。其实作为艺术院校里的建筑学教师，我的感触特别深。听老师们讲到地区建筑、乡土建筑，我看到很多老师的研究已经超出了传统建筑学的范畴。这几年，我们也每年都带学生下乡，也作一些乡土研究，我也深深感觉到地区建筑不光是建筑本体的事，它含义更大，包括社会学的问题，包括传统技艺、非物质文化等，所以希望也可以有社会学学者的加入。今天我是抱着学习的态度来的，谢谢各位！

关华山

东海大学建筑系教授

今天很高兴能听到各地的教授们发表意见，我觉得这个议题非常好。

我个人一直以来都强调地域主义，有两个看法供大家参考。

第一个，现代主义和后现代主义，包括当今世界著名建筑师，他们的作品基本依循的是人工美学，可是我们的风土建筑，或者说各地方的传统建筑，是人工跟自然和谐出来的东西。各位知道，20世纪末已经开始讲求注重环境，环境对我们建筑的影响是要我的注意到自然美学。回过头来检讨现代主义和后现代主义，恐怕自然美学要加强。

第二个，吴先生提到跨文化设计，到底我们要怎么装备自己来做这个跨文化设计？今天在座很多建筑师拿出的作品其实都是在做这个事情，问题就是我们怎么装备我们自己才能做好这件事情。我自己的一个粗浅的看法是：除了对在地的文化、地域、社会等这些要了解之外，下笔的时候还要注意，其实在地的都有世代交替这个事情。换言之，当地接受外面的东西的程度是怎样的，这不是我们外来人强加给他们的，而是他们怎么自然地接触、接纳了全球化这个东西，重要的是回应他们了解、向往的部分。要考虑世代的问题，他们接触外面东西的程度，必须让在地的人能够了解，能够认同，变成他们往未来看的一个窗口。这是我的提议。

杨东生

中国民族建筑研
究会副秘书长

　　大家好，我来自中国民族建筑研究会。我想从我们研究会的角度，谈谈我们在做什么，特别是针对今天谈到的地域性、地区性问题。目前有一个国家发改委委托我们做的项目，题目是"新型城镇化背景下民族建筑及村落的保护与利用研究"。这个课题，我们准备用一年的时间把它做完，昨天我们还在跟几位老先生探讨这个课题。这个题目很大，我们昨天开会梳理了它的概念和范围以及整个目录、大纲、框架等，用一天的时间把它完成了。在这里，我想简单地把我们这个思路概括一下。首先，发改委这个角度的新型城镇化，可能和我们建筑角度理解的还不太一样，他们更多考虑的还是人口、就业、产业方面的问题。课题最后的落脚点，即他们想要的东西，是一个模式性的、有代表性的、在不同区域能够形成引导的东西。第二个，关于民族建筑及村落，我们在想题目是说大的民族建筑还是小的民族建筑，后来我们认为还是小的民族建筑。如果从传统建筑角度来分，有文物保护单位；如果从群体来讲，有历史文化名村、名镇，现在还有传统村落，包括各个少数民族地区的、各个时代的。我们的题目定位在少数民族这个范畴里，所以这个课题的框架还是按照区域划分，定在西南区域，之下再有细的分类。目前还是一个不成熟的框架，我们会继续把它完善。谢谢大家！

"城乡视野中的地区建筑"
论坛发言 / 2016

李岳岩

西安建筑科技大
学建筑学院教授、
副院长

主持人：张玉坤

天津大学建筑学院教授

看了这么多精彩的报告，我突然回忆起朱竞翔老师曾在西
建大作的一个报告，当时我总结了三句调侃的话：

第一句叫"高手在民间"。我们地区建筑中经常能够发现许
多类似于"扫地僧"一样的高手，能够和这些人交朋友是一件
非常值得庆幸的事情。我们在乡村里做设计的时候，也经常能
发现一些高手有许多"怪招"和"绝招"。

第二句叫"武功再高，也怕菜刀"。为什么这么说呢？因为
当你怀揣着许多梦想的时候，往往会摔得粉碎。也就是说，我
们这些"武林高手"去和人讲大道理，可地方工匠不会管你，
抡着菜刀就上，打得我们落荒而逃，所以如何能够克敌制胜，
还需要我们想其他的招数，要有所准备，正是所谓的"武功再
高，也怕菜刀"。

其实乡村里面有许多工匠，当你把你的思想与他沟通，他
能够真正理解你的意图的时候，他会发出无穷的智慧和能量，
让我们的建筑变得十分精彩。

最后一句话，我想送给今天精彩的演讲者们，叫做"教授
会武术，流氓挡不住"。谢谢大家！

张鹏举

内蒙古工业大学
建筑学院教授、
设计院院长

今天收获很大。我虽然也是学校的老师，但是可能实践做得比较多，体会也比较简单。地域建筑也好，地区建筑也好，简单来说就是两个字："适宜"。设计的条件是复杂的，要尽可能考虑当地特殊的、复杂的因素，尽可能地找到一个适宜的方法解决问题。当每个项目都是这样去做，自然会呈现出一种乡土的状态，可能也会有一种共性产生。谢谢大家！

赵之枫

北京工业大学建
筑与城市规划学
院教授、院长
助理

我想谈谈我今天的感想和思考。我觉得今年与去年有点不同的感受，今年很多专家都在讨论乡村地区的地区建筑，或者自己在乡村地区的实践。很高兴看到能有这么多的建筑师和专家投入到乡村地区的发展中。我在清华大学的博士论文其实写的就是关于村镇规划方面的研究，毕业之后也一直从事小村镇规划，经历了从1990～2000年代乡村地区的发展，包括从"新农村建设"到现在的"美丽乡村"、"传统村落"建设。我的主要关注点在北京地区，也历经了很长时间。事实上，乡村地区早些年没有得到如此多的关注，无论是来自建筑师还是规划师；而近年来大量的专家学者都更多地投入到乡村地区，可以说是一个非常良性的转变。

今天听到很多讲座，也引发了我的一个思考。今年我们在北京郊区做了一个全国试点村落，它不是传统村落，就是一个普通的山村，但它有一个三级景区，于是就产生了一个风貌控制的需要。那么问题就来了：如果是传统村落，我们可以按照传统村落进行修缮保护，比如"明清风貌一条街"，它的风貌可以相对协调，事实上是符合我们理想中对传统村落的认识的。但是这个普通村落，已经没有传统形式的民居，甚至盖了许多欧式美式的建筑，各种风格混杂。那么我们应该按照一种什么样的风格来进行控制和引导？我觉得无论是作为规划师还是建筑师，都应该好好思考这个问题。作为建筑师，我们考察一个传统村落，常常是从一个点开始，从公共建筑着眼，因为它的权属是非常明确的。但是在乡村地区，大面积是普通的农房，量大面广，又不是传统风貌，那么我们建筑师是否还愿意在这样的村落进行改造和设计呢？今天在场专家提到农房改造，都说是"血泪史，不提了"，但这恰恰是我想听的一部分。它确实难度很大，因为是农民自建，有一个缓慢更新的过程。村落的风貌引导和控制虽然能够以公共建筑的改造作为起点，但是早晚会涉及量大面广的农房改造，这可能就需要一个导则来进行引导。但是这个导则的编制将会有很大的难度。我们究竟是站在一种什么样的立场和基点上来引导？到底什么是这个地区的特质呢？明清风格？还是现在的基础上，我们来提出一种地区主义的、能够引导村庄发展的风貌和风格呢？

阿布力克木·
托合提

新疆大学建筑工
程学院副教授、
建筑系主任（维
吾尔族）

关于地区建筑，我也一直在作一些探索和实践。我特别赞成刚刚这位教授所说的，地区建筑不是模仿，而是要把它的内涵和基本思路弄清楚。比如一提到我们新疆吐鲁番，大家第一就能想到生土建筑，晾葡萄的房子；第二会想到窑洞式的房屋。这些建筑是在当时的艰苦条件下，人民利用智慧应对当地环境、利用当地建筑材料，解决实际问题，这就是我们需要利用的内涵。比如晾葡萄的房子，要注意通风，以应对干热的吐鲁番环境。再比如窑洞式的结构体系，是因为当地没有可以作为梁的大型木材，于是只能用土块砌筑，同时这些材料又能适应当地的气候条件，所以本意不是为了追求形式，而是为了解决实际问题。我们在研究地域建筑时，其实包含着它本身蕴涵的传统智慧和实际的气候问题、地域问题。在这个基础上，我们才能使用现代建筑的方式来解决问题，我觉得这是我们地区建筑最基本的一个理念。非常感谢今天的讲座，对我自己的研究和实践有很大的启发。谢谢各位！

高 博

西安建筑科技大
学建筑学院副教
授、院长助理

作为一个新面孔，我今天收获很大。各位专家老师们对跨文化、跨地域的建筑的复杂性和矛盾性作了许多探讨，有的专在探索多元建筑的原型，有的在探索建筑建成的特质，也有许多常年在外奔波、调研踏访的老师们，带来很多关于地区建筑、聚落中存量和增量问题的探讨和研究，还有的老师对于传统保护中的"存旧"和"续新"这种一体两面的问题作了许多探索和研究，提供了非常宝贵和可借鉴的经验，一定会影响到我的研究和创作。

今年特别巧，我自己负责和接触的事情都和地区建筑有关。最近西建大校庆，我们刚举办了"一带一路"的建筑论坛，当时邀请了9位院士一起讨论"丝绸之路"城市发展的问题。这9位院士的讨论都直指地区建筑，事实上他们都是在为地区建筑的发展和价值寻求出路。我觉得这个是一个很好的契机。

另外还有一件事情向大家汇报，就是我们现在正在参与的一个科技部的"十三五"的重大研发项目，单军老师也是这个课题的负责人之一。这个课题的名称是《基于多元文化背景下西部绿色建筑模式和技术体系的研究》，通过清华、西建大、重大、同济等建筑院校的共同参与和研究，一定会把我们的地区建筑研究上升到一个更高的学术层次。我也会在接下来的活动中，把自己的研究成果和实践拿出来和大家分享，谢谢！

杨 路

西安交通大学人居环境与建筑工程学院讲师

今天诚惶诚恐，我想我的发言或许能够代表一些年轻建筑师的想法；换个角度，也是与学弟学妹们分享一些我的个人经验。昨天与志刚师兄聊天的时候，听到几位天大学生对于"地区建筑"的理解。一个同学问："地区建筑和传统建筑有什么区别？"另一个同学回答说："传统建筑是保护建筑，地区建筑是要盖新建筑。"我觉得这样说虽然有点片面，但是也说到了一些本质。我觉得，随着时代的发展，地区建筑更强调建筑要不断向前发展。

我今天想说的是我们这批80后的建筑师，正面临着创作和创业上的一些问题。比如在我们上学的年代，当时是看着现代主义四大师、安藤忠雄等的作品长大的，教育我们要做大师。其实我2000年毕业的时候正好赶上了建设的高潮，我们也在城市里做了很多建筑。但是现在面临毕业的同学们，我发现大家聊的不是科研也不是设计，聊的更多是就业。在现在这样的低潮期建筑师能做什么？就我的经历而言，大家不一定都要在城市里面找机会，近些年国家对乡村建设鼎力支持，我自己也是从毕业就开始跑乡村，已经跑了十几年了。真正的感受是在中国的大部分地区，政府主导下的"破坏性建设"其实更为严重，但恰恰给了我们许多年轻建筑师更大的发挥余地。我们做事情的时候可以更多地把角度和注意力转换，用我们自己的方式和方法，比如网络化等新东西来做。我觉得这是我们这一代人应该去做的事情，也希望大家继续关注地区建筑，关注城乡建设。

潘 曦

北京交通大学建筑与艺术学院
讲师

作为晚辈中的晚辈，我今天比杨路师兄更惶恐。今天真的是学到了很多东西。现在，我在建筑历史教研室教书，研究方向是乡土建筑和民族建筑，所以我想从历史学和人类学的角度，对自己曾经抱有的二元化的认知结构作一个反思。

第一个反思是"传统-现代"的二元化认知结构。从建筑史来说，主流的建筑史不论是风格史、文化史还是技术史，都有非常清晰、丰富的历史层次，但是到了乡土建筑，不知道为什么，历史的厚度被大大地拍平了，好像乡土建筑所有的时间属性都能用"传统"两个字概括出来。但是今天王路老师也说到，历史是一条连续的河流，那么乡土建筑作为当时的历史文化背景下的一种物质形式的产物，只要历史在前进，就一定会改变。所以我给自己的一个研究方向上的设定就是，希望能在乡土建筑的研究中更多地从共时性的研究走向历史性的研究。当历史的连续性建立之后，或许可再从"传统-现代"之间找到一个传承方法。因为当它成为连续的历史之后，我们就不再是从一个断裂带的两端寻找联系了。

第二个反思是对于"城市-乡村"这样的二元结构的反思。当"城市-乡村"，"现代-传统"这两对结构耦合在一起的时候，很容易把城市和现代绑在一起，把乡村和传统绑在一起。我们在表述时常常不自觉地把自己带入到城市和现代的立场上，再去看乡土建筑的时候，就会不自觉地从一种他者的客位视角去看待，再加上一点点怀旧的浪漫主义情绪。这样当然会希望乡土建筑停止在历史中的某个状态，以承载我们这种愁绪和情怀，乃至于想象。可能很容易忽视的就是，乡土建筑的群体和社群自身的话语权是很弱的，他们很少有机会发声。但是在田野调查中，我发现，在很多工匠和村民的脑海中并不存在这样的二元结构，他们甚至不觉得有这样的传统结构的断裂。很多乡土建筑自下而上地更新和变化，更多地反映出连续性。所以我给自己设定的另一个方向是，在乡土建筑的阐释中，更多地从主位的视角去阐释，这样我就能更好地理解乡土建筑在现当代自下而上发生的一些不那么具有话语权和发生机会的变化。

综上而言，连续性的历史观和社群主位视角的阐释，是我对自己将来方向鞭策的两个重点。谢谢大家！

附 · 录

APPENDIX

首届地区建筑学术研讨会·北京
The 1st Academic Conference of Regional Architecture

会 议 日 程
Conference Schedule

2015年4月4日（周六） 09:00-17:30　　　　　北京·清华大学建筑学院·王泽生厅

08:30-09:00	签到		
09:00-09:20	开幕及嘉宾致辞	主持　单 军	
		清华大学建筑学院教授、副院长、地区建筑专委会主任委员	
		嘉宾致辞	
		中国建筑学会副理事长、秘书长	周 畅
		中国建筑学会建筑师分会理事长	邵韦平
		清华大学建筑学院教授、院长	庄惟敏
09:20-10:05	主旨报告：地区建筑学的发展与展望	中国科学院院士、中国工程院院士、清华大学教授	吴良镛
10:05-10:15	合影		
10:15-10:45	特邀报告：台湾史前建筑的一个生态人类学假说	台湾东海大学建筑学系教授、建筑研究中心主任	关华山
10:45-11:15	特邀报告：ARCHITECTURE IN JAPANESE SEASONS	日本东京大学副教授	川添善行
11:35-12:30	工作餐		
	学术报告（一）	主持　张玉坤	
		天津大学建筑学院教授、党委书记	
12:30-12:50	学术报告／1：地域的价值	清华大学建筑学院教授、副院长	单 军
12:50-13:10	学术报告／2：城乡之间	东南大学建筑学院教授、副院长	龚 恺
13:10-13:30	学术报告／3：泛江南地域乡土建筑营造的技术类型与区划探讨	同济大学建筑与城市规划学院教授	李 浈
13:30-13:50	学术报告／4：建筑的地点性及其表达	昆明理工大学建筑与城市规划学院教授、院长	翟 辉
	学术报告（二）	主持　王 竹	
		浙江大学建筑工程学院教授、副院长	
13:50-14:10	学术报告／1：地域逻辑	湖南大学建筑学院教授、院长	魏春雨
14:10-14:30	学术报告／2：平实的建造	内蒙古工业大学建筑学院教授、建筑设计院院长	张鹏举
14:30-14:50	学术报告／3：藏族传统村落人居环境调查研究	西藏大学建筑系副教授、系主任	索朗白姆
14:50-15:10	学术报告／4：地区性态度的规划设计策略	清华大学建筑学院助理教授	孙诗萌
15:10-15:20	茶歇		
15:20-17:30	学术论坛	主持　王 路　清华大学建筑学院教授	
		肖毅强　华南理工大学建筑学院教授、副院长	
		天津大学建筑学院教授、党委书记	张玉坤
		浙江大学建筑工程学院教授、副院长	王 竹
		北京大学建筑与景观设计学院教授、副院长、建筑学研究中心主任	王 昀
		中国科学院大学建筑研究与设计中心教授、主任	崔 彤
		清华大学新闻与传播学院教授、清华大学国家形象传播研究中心主任	范 红
		重庆大学建筑城规学院教授、副院长	卢 峰
		哈尔滨工业大学建筑学院教授、副院长	孙 澄
		西安建筑科技大学建筑学院教授、副院长	李岳岩
		北方工业大学建筑与艺术学院教授、院长	贾 东
		湖南大学建筑学院教授、党委书记兼副院长	柳 肃
		华中科技大学建筑与城市规划学院教授、副院长、《新建筑》杂志社主编	李晓峰
		中国建筑学会建筑师分会秘书长、北京市建筑设计研究院有限公司副总建筑师	柳 澎
		北京建筑大学建筑与城市规划学院教授、建筑系系主任	范霄鹏
		南京大学建筑与城市规划学院教授、建筑系主任	周 凌
		北京工业大学建筑与城市规划学院教授、院长助理	赵之枫
		中国民族建筑研究会副秘书长	杨东生
		中国勘察设计协会传统建筑分会秘书长、北京市古代建筑设计研究所副所长	贺 飞
		新疆大学建筑工程学院副教授、建筑系系主任	阿布力克木·托合提
		中央美术学院建筑学院副教授	何 崴
		《建筑创作》杂志社主编	王舒展
		清华大学建筑学院副教授	张 弘
		北京市建筑设计研究院有限公司 创作中心办公室主任	朱学展
		（自由发言 排名不分先后）	
17:30	会议闭幕		

欢 迎 广 大 师 生 参 加

2015年地区建筑学术研讨会合影

2015年地区建筑学术研讨会现场照片

第 二 届 地 区 建 筑 学 术 研 讨 会

The 2nd Academic Conference of Regional Architecture

会 议 日 程

2016年11月26日-27日（周六、日）　09:00-19:00　　　天津·天津大学会议楼·第七会议室

11月25日

| 14:00-20:00 | 签到 |
| 18:30 | 欢迎晚宴（晋滨国际大酒店） |

11月26日

09:00-11:00	开幕及主题报告	主持 孔宇航	
		天津大学建筑学院教授、副院长	
		开幕致辞	
		天津大学建筑学院教授、院长	张 颀
		清华大学建筑学院教授、副院长	单 军
09:10-09:30	合影		
09:30-10:00	主题报告:建筑的"实在感"	中国建筑设计院有限公司党委书记、副院长、总建筑师	刘燕辉
10:00-10:30	主题报告:台湾乡村环境的策略与实践	淡江大学建筑系副教授、武汉大学城市设计学院访问教授	毕光建
10:30-11:00	主题报告:小有所乐	全国建筑设计大师、华汇建筑设计有限公司总建筑师、天津大学建筑学院教授	周 恺
11:00-11:30	主题报告:地区建筑学的解读	浙江大学建筑工程学院教授	王 竹
11:30-11:40	茶歇		
11:40-12:20	学术报告	主题:城乡视野中的地区建筑发展	
11:40-12:00	学术报告1:当代城市与建筑的世纪转型——走向生产性城市	天津大学建筑学院教授	张玉坤
12:00-12:20	学术报告2:条件与参照	清华大学建筑学院教授	王 路
12:20-13:30	工作餐（天津大学学四食堂三层）		
13:30-19:00	学术报告	主持 张玉坤	
		天津大学建筑学院教授	
13:30-13:50	学术报告3:一位建筑师对地区建筑的理解	北京建筑大学建筑设计艺术研究中心主任、方体空间工作室主持建筑师	王 昀
13:50-14:10	学术报告4:与传统对话——意象作为一种设计思维	华中科技大学建筑与城市规划学院教授、副院长、《新建筑》杂志社主编	李晓峰
14:10-14:30	学术报告5:求异向求同	北京建筑大学建筑与城市规划学院教授	范霄鹏
14:30-14:50	学术报告6:地域文化与乡村实践	南京大学建筑与城市规划学院教授、建筑系主任	周 凌
14:50-15:10	学术报告7:相与象	北京市建筑设计研究院有限公司副总建筑师、王戈工作室主任	王 戈
15:10-15:30	学术报告8:乡村遗产与建筑设计	清华大学建筑学院副教授、住建部传统村落专家指导委员会副主任委员	罗德胤
15:30-15:40	茶歇		
		主持 王 竹	
		浙江大学建筑工程学院教授	
15:40-16:00	地区建筑学术研讨会工作会议	清华大学建筑学院副教授、党委副书记	张 弘
16:00-16:20	学术报告9:乡村弱建筑设计	中央美术学院建筑学院副教授、数字空间与虚拟现实实验中心主任	何 崴
16:20-16:40	学术报告10:乡创聚落——一种自下而上的生长方式	URM乡村创客联盟创始人、SMART度假地产专家委员会秘书长	王 旭
16:40-17:00	学术报告11:地域中的他者：郑东新区建筑文化阐释	郑州大学建筑学院教授、副院长	郑东军
17:00-17:20	学术报告12:社区营造视角下的传统聚落仪式空间研究	福州大学建筑学院副教授、副院长、福州大学地域建筑研究所所长	林志森
17:20-17:40	学术报告13:笔墨当随时代——以希望小镇为例试论新农村建设中的地区性	天津大学建筑学院副教授	王志刚
17:40-18:00	学术报告14:基于虚拟现实技术的传统村落空间形态与认知研究	天津大学建筑学院讲师	苑思楠
18:00-18:50	自由论坛	湖南大学建筑学院教授、院长	魏春雨
		重庆大学建筑城规学院教授、副院长	卢 峰
		西安建筑科技大学建筑学院教授、副院长	李岳岩
		北方工业大学建筑工程学院教授、院长	贾 东
		内蒙古工业大学建筑学院教授、设计院院长	张鹏举
		北京工业大学建筑与城市规划学院教授、院长助理	赵之枫
		中国民族建筑研究会副秘书长	杨东生
		中国勘察设计协会传统建筑分会秘书长	贺 飞
		新疆大学建筑工程学院副教授、建筑系系主任（维吾尔族）	阿布力克木·托合提
		《建筑创作》杂志社主编	王舒展
		西安建筑科技大学建筑学院副教授、院长助理	高 博
		北方工业大学建筑工程学院副教授、实践教学部主任	王新征
		清华大学建筑学院助理教授	孙诗萌
		北京交通大学建筑与艺术学院讲师	潘 曦
		西安交通大学人居环境与建筑工程学院讲师、上海颐景建筑设计有限公司（甲级）执行总建筑师	杨 路
18:50-18:53	总结讲话		
18:53	会议闭幕		
19:00	晚餐（天津大学学四食堂三层）		

11月27日

| 08:30-12:00 | 天津地区建筑参观 |

欢 迎 广 大 师 生 参 加

第二届地区建筑学术研讨会（2016）会务组
联 系 人：英思楠（13114906007）、丁瀚颖（15202218421）张 弘（13910766557）、孙诗萌（13811180037）

第二届地区建筑学术研讨会·2016
2016年11月26日·天津

2016年地区建筑学术研讨会合影

2016年地区建筑学术研讨会现场照片

首届地区建筑学术
研讨会开幕致辞

周 畅

中国建筑学会副理事长、秘书长

尊敬的吴良镛院士、尊敬的各位专家学者：

大家上午好！

首届地区建筑学术研讨会今天在清华大学隆重举行。我谨代表中国建筑学会对大会的召开表示热烈祝贺，向各位专家学者的到来表示诚挚的欢迎和感谢！

十八大以来，党中央和习近平总书记曾多次强调"优秀传统文化是文化强国的历史支撑"。如何完成好党中央提出的"以高度的文化自觉和文化自信让我们的城市建筑更好地体现地域特征、民族特色和时代风貌"这一历史重责，是我们今天共同面对的课题。

中国建筑学会是发展我国建设科技事业的重要社会力量和学术团体，60多年来致力于组织全国建筑工作者积极开展学术交流、向公众传播普及科学知识、组织重大科技项目咨询以及促进国际学术交流。学会一直坚持以文化传承为建筑发展之"魂"；倡导建筑发展应首先立足于本国历史悠久、丰富多样的文化土壤，同时兼具国际视野；鼓励运用先进的科学理念和科学方法，在建筑创作中体现时代特征和文化特色。传承、创新与发展中国当代地区建筑文化，是中国建筑学会义不容辞的责任。

近几十年来，随着科学技术的进步和经济一体化的发展，全球建筑文化越来越呈现出同一化的趋势。人类在共享科技成果的同时，文化的单一性和趋同性也在加剧，原来丰富多样、个性鲜明的地区文化正在渐渐丧失，由此带来了建筑与城市的特色危机和环境危机。地方文化的传承与地区建筑的发展逐渐成为世界性的课题。中国由于地域广阔、民族众多、自然文化多样，在历史上曾孕育出丰富多彩的地区建筑文化。但在改革开放以来快速城镇化建设取得巨大成绩的同时，也带来了环境破坏、千城一面、特色丧失等诸多问题。

中国建筑界对地区建筑的关注与研究由来已久。自梁思成、林徽因先生的中国传统建筑研究开始，已重视地区和民族建筑文化的相关调查，并从中汲取创作灵感。自2001年起，由国务院批准，中国建筑学会设立了以梁先生命名的中国建筑设计国家奖、最高奖"梁思成建筑奖"，旨在鼓励高水平的建筑创作。20世纪80年代开始，以乡土建筑研究热潮为发端，国内建筑界开始重新关注"地区性"问题。吴良镛先生率先提出建筑的"地区性"观念，并在1999年主持起草第20届国际建协大会《北京宪章》时，将"地区建筑学"构想作为重要议题推向世界，获得了国内外建筑界的广泛认同。此后，国内一大批高校学者和行业建筑师们在这一领域开展了持续的研究与实践，取得了丰硕的成果。

今天，地区建筑已成为中国建筑界的一个重要的学术方向和创作实践领域，也成为了解决上述建筑与城市文化困境的有效途径。放眼未来，发展地区建筑的理论与实践不仅是学科自身发展的要求，也是我国未来新型城镇化有序、均衡、健康推进的客观需要，更是中国建筑界在当代国际舞台上展现独特面貌的重要途径。在这一背景下，中国建筑学会及我个人非常鼓励并支持由清华大学建筑学院单军教授牵头举办的"地区建筑学术研讨会"。也希望各位专家学者能延续已有的传统，发挥已有的优势，借助学会的资源和平台，进一步开拓地区建筑的理论与实践，为我国地区建筑事业的发展作出更大贡献。

今天研讨会汇集了在座各位国内相关领域最优秀的专家学者，这样一个学术平台对行业的良性发展将起到重要的协调和引导作用。面对中国丰富而多元的自然环境和文化基础以及当前城镇化发展的复杂性与迫切性，地区建筑的发展必须注重与相关学科领域的交叉拓展，通过多学科的有机融合促进人居环境的整体提升。因此，延续了去年在深圳举办的中国建筑学会学术年会"当代建筑的多学科融合与创新"的主题，今天，首届地区建筑学术研讨会的主题定为"地区人居环境的多元化发展"。我非常赞同这一主题，也希望在座各位专家学者发挥自己的专长，自由地进行思想碰撞，为我国地区建筑理论与实践的开拓创新贡献力量！

最后，预祝大会圆满成功。谢谢！

首届地区建筑学术
研讨会开幕致辞

邵韦平

中国建筑学会建筑师分会理事长
北京市建筑设计研究院有限公司总建筑师

尊敬的吴良镛院士、周畅秘书长、庄惟敏院长，尊敬的各位来宾：

大家上午好！

感谢周畅秘书长的致辞。首先，我谨代表中国建筑学会建筑师分会，热烈祝贺"首届地区建筑学术研讨会"的召开。

在中国建筑学会的领导下，建筑师分会一直致力于开展建筑学术交流、繁荣建筑创作、发挥建筑师的社会作用等工作，并关注建筑教育和人才培养，积极推动国际合作。自1989年成立以来，分会规模不断壮大。近年来支持了多个专业方向的学术活动，目的在于搭建专业平台，促进各专门领域研究与实践的更好发展。去年，在学会的大力支持和一批有志学者及建筑师的推动下，又有建筑策划、地区建筑、数字建筑设计、高层建筑国际交流等多个专业方向的活动相继开展。从中可以看到我国建筑创作事业的繁荣发展，也可以看到活跃的学术思想对创作实践的引领和推进。

自20世纪80年代，我国地区建筑相关的研究与实践开始迅速发展。以吴良镛先生提出"地区建筑学"构想为代表，一大批建筑师和学者在这一领域开始了持续的探索。近年来，随着人们对建筑与城市特色危机、环境危机的深刻认识与反思，越来越多的建筑创作开始关注如何与地域文化、历史文脉、自然环境更好地结合。近年来，从建筑学会组织评选的"中国建筑设计奖"和由建筑师分会组织评选的"中国建筑学会建筑创作奖"的获奖作品中，都能明显看到这种倾向。这说明地区建筑理念与方法已成为国内建筑创作的一个重要方向。我国目前拥有全世界最大的工程建设量；同时由于幅员辽阔、自然多样、民族众多、文化丰富、发展快速，地区建筑理念与方法对我国的建筑设计具有非常重要的理论价值和现实意义。在这种背景下，由单军教授和在座各位专家学者共同倡议举办"地区建筑学术研讨会"，既是学术发展的需要，也将对行业未来的健康发展提供引领和助力。

建筑师分会非常鼓励学术研究与创作实践的结合，并致力于为此搭建更广阔的平台。去年，在清华大学建筑学院庄惟敏院长、单军副院长的推荐下，新一届建筑师分会新增了十多所高校的院长、教授成为理事。而我本人及北京市建筑设计研究院等多位院总建筑师也已经与清华大学等院校联合指导建筑学专业学位硕士多年，并讲授"建筑师的职业素养"等理论课程，去年也作为设计导师，与其他多位职业建筑师共同参与了清华大学建筑学院的本科开放式建筑设计教学。今天的地区建筑学术研讨会汇集了在座各位相关领域的知名学者、建筑师及学术团体代表，拥有扎实的科研基础、丰富的研究成果和良好的教育资源、社会资源。建筑师分会非常希望能够借助这个平台，促进地区建筑理论研究与创作实践的共同发展，增进高校学者与职业建筑师的交流，并通过已有的研究成果，有效地提升建筑创作的品质、深度与文化内涵。

今天会议的主题是"地区人居环境的多元化发展"。我想这个"多元"不仅指多学科、多民族、多文化的研究方法，也包含理论与实践相结合的多元途径，更包含建设事业不同参与主体的多元身份与多元思想。期待今天各位来宾多元的思想碰撞和对话，期待对地区建筑理论与实践更多更有价值的讨论。

最后，祝愿本次研讨会圆满成功！

谢谢各位！

首届地区建筑学术
研讨会开幕致辞

庄惟敏
清华大学建筑学院院长

尊敬的吴良镛院士、中国建筑学会周畅秘书长、建筑师分会邵韦平理事长，尊敬的各位来宾、老师们、同学们：

大家上午好！

感谢周畅秘书长、邵韦平理事长的致辞。今天，"首届地区建筑学术研讨会"在清华大学建筑学院召开，我们感到非常高兴，也非常荣幸。来自全国各地的专家学者、远道而来的海外同仁汇聚清华，正可谓"有朋自远方来，不亦乐乎"！我谨代表清华大学建筑学院向各位表示诚挚的欢迎！

地区建筑研究的发展，既是经济全球化、新型城镇化等大时代背景下的客观要求，也与中国几代建筑学人积极思考建筑事业发展方向、探索中国建筑文化特色与解决之道密切相关。清华大学建筑学院作为中国建筑界重要的理论与实践阵地，一路见证了地区建筑学的发展历程。早在梁思成、林徽因先生开展早期中国建筑研究时，就指出了它的意义不仅是保护古建筑，"更重要的还有将来复兴建筑的创造问题"。他们担忧，"一个东方老国的城市，在建筑上，如果完全失掉自己的艺术特性，在文化表现及观瞻方面都是大可痛心的"，这只能"代表着我们文化衰落，至于消灭的现象"。"知己知彼，温故方能知新。"他们开展了大量古建筑测绘与整理工作，正是为以后"创造适合于（中国）自己的建筑"作准备。吴良镛先生延续了梁先生的未竟之业。1980年代，基于对中国建筑行业现状及未来的长期思考，也受到国际地域主义建筑思潮的启发，他敏锐地提出了建筑"地区性"观念。在《广义建筑学》中，"地区论"

独立成章。1996年在国际建协第四区亚澳地区大会上，他正式提出"地区建筑学"构想。1999年通过主持编写的第20届国际建协《北京宪章》，"地区建筑学"成为中国建筑界对世界的理论贡献。在这一学术传统的影响下，清华大学建筑学院几代学者、教育家长期致力于地区建筑和乡土建筑的理论与实践，积累下丰富的研究成果和经验。目前更有单军教授、王路教授等在理论和实践等方面都具有重要影响力的知名学者，在延续和拓展清华大学在该领域的优秀学术传统。

地区建筑的理论与实践作为我院长期以来最重要的学术方向之一，将在学校和学院的大力支持下，不断地传承与发展。单军教授作为这一重要方向的学术带头人，师承吴良镛院士，在该领域已有20年的学术积累，不仅建立起一支高水平的科研团队，更培养了一批有志于地区建筑研究与实践的高校教师和建筑师，其中很多已经在业内崭露头角。单军教授和由他领衔的科研团队，不仅开设了地区建筑学概论等本科和研究生课程，承担了本领域的多项重大科研课题，还主持完成了一批包括钟祥市博物馆、晋中市博物馆图书馆等注重地域特色的有影响力的设计作品，获得了国内外重要的设计奖项，在教学与科研、理论与实践等方面都取得了丰硕的成果。

在他及在座各位的倡议和组织下，首届地区建筑学术研讨会在清华大学建筑学院举办。我们希望借由会议及更多学术活动的举办，能够把前辈建立起的优秀传统继续发扬光大，特别是依托优秀的科研成果，进一步加强相关的教学工作，让地区建筑的理念与思想实现更广泛的传播，培养更多优秀的后辈人才！

随着社会经济文化的发展、全国人居环境建设的整体推进，地区建筑越来越成为一个共同的话题、持久的话题。近十几年来，在各大高校、学术机构的引领下，全国各地区的建筑文化发展都取得了不俗的成绩。今天，在在座各位兄弟院校专家学者的共同倡议下，在中国建筑学会、建筑师分会的大力支持下，"地区建筑学术研讨会"在清华大学举办，我代表建筑学院表示由衷地支持！也希望通过这个学术平台，我们可以有更多的机会与兄弟院校，与学会、分会，与其他相关的学术机构、团体，更充分地交流和分享地区建筑相关的理论成果、教学经验、实践体会，共同探讨当前面对和关心的问题，共同谋求中国地区建筑的长远发展！

最后，祝愿本次大会圆满成功！也祝大家在清华园度过愉快的一天！

谢谢！

第二届地区建筑学术研讨会开幕致辞

张颀

各位来宾，各位专家学者，大家上午好！首先我代表天津地区欢迎各位的到来。第一届会议于去年4月在清华大学召开，感谢第二届会议选择天津。地区建筑学术研讨会，我觉得"地区建筑"的名字起得特别好，应该是源于吴良镛先生的地区建筑学。每次地区建筑会议可以选择不同的地区，在天津开完以后，后面可以北上南下，东进西扩，然后开遍大江南北，长城内外，希望能够聚集更多的专家和学者。

这次会议的主题不只是地区建筑，是"城乡视野下的地区建筑学"。我估计在座的专家学者可能和天津大学专注于地区建设研究的老师们差不多，并不局限于天津地区，研究建筑、城区、历史文化名城的特色，也涉猎全国其他地区的建筑学，也有很多的成果和积累。拿我自己来说，做过天津的，也做过其他城市的，而且我现在也涉猎乡村，没事也经常到村子里去走一走。当然我做的乡村不是那些传统村落，比如天大的冯骥才教授等做的传统村落，我主要做的是普通的村落，去总结没有特色的乡村的特色。这也是因为做传统村落的人太多了，我基本没有机会能够插进去了。当然，去的人多了，基本毁得也差不多了。前几天，河北的会议，天大的冯骥才先生也参加了，他的发言总结了传统村落现在的问题是"两大问题"和"十大雷同"，应该是很到位的。所谓"十大雷同"，就是没特色了，雷同也是一大问题。今天有很多乡村的专家，包括王竹王老师等，我有很多方面要向老师们学习。

我觉得今天的会议非常有必要。希望我们在一起针对这些问题展开研讨，交流经验，分享成果。同时希望大家在天津地区度过愉快的一天！

204

后 · 记

POSTSCRIPT

后　记

　　2015年4月4日，在清华大学单军教授的召集组织下，"首届地区建筑学术研讨会"
在北京清华大学召开。来自30余所国内外建筑高校、科研机构、设计机构、行业协
会、专业媒体的近百位专家学者济济一堂，就"地区人居环境的多元化发展"主题展
开交流。会上，两院院士吴良镛教授作了题为"地区建筑学的发展与展望"的主旨报
告；中国台湾东海大学关华山教授、日本东京大学川添善行副教授、清华大学单军教
授、东南大学龚恺教授、同济大学李浈教授、昆明理工大学翟辉教授、湖南大学魏春
雨教授、内蒙古工业大学张鹏举教授、西藏大学索朗白姆副教授、清华大学孙诗萌助
理教授等作了专题学术报告；十余位专家在"自由论坛"环节发表观点。

　　2016年11月26日，在单军教授和天津大学张玉坤教授的共同召集下，"第二届地
区建筑学术研讨会"在天津大学召开。来自更多建筑、教育、科研、设计机构的专家
学者共聚一堂，就"城乡视野中的地区建筑发展"主题展开研讨。会上，中国建筑设
计研究院总建筑师刘燕辉、全国工程勘察设计大师周恺、浙江大学王竹教授、中国台
湾省淡江大学毕光建副教授、天津大学张玉坤教授、清华大学王路教授、北京建筑大
学王昀教授、华中科技大学李晓峰教授、北京建筑大学范霄鹏教授、南京大学周凌教
授、北京市建筑设计研究院王戈副总建筑师、清华大学罗德胤副教授、中央美术学院
何崴副教授、URM乡村创客联盟创始人王旭、郑州大学郑东军教授、福州大学林志森
副教授、天津大学王志刚副教授、苑思楠讲师等分别作了学术报告；20余位专家学者
参与自由论坛的讨论。

　　回顾两届研讨会，共有29位专家学者就地区建筑领域的相关议题发表了精彩报
告，呈现了当代地区建筑研究与实践中的核心关注与最新成果。承蒙中国建筑工业出
版社陈桦主任的慧眼识珠、王惠编辑的积极推进，以及各位报告人的鼎力支持和清

华大学建筑学院的慷慨资助，这些思想的火花得以"会议文集"的方式呈现在读者面前，让大家听到近年来地区建筑领域的真实声音。

按照这些报告所讨论的基本范畴，本集粗划为"研究"、"实践"两篇。"研究篇"中涉及地区建筑的基本概念、研究历程、基本原理、视角方法、发展趋向等丰富议题，"实践篇"则更多呈现出一线建筑师们在地区建筑创作中的思考与体悟。事实上，研究从实践中探索规律，实践在研究的基础上获得灵感，许多报告中都反映出此二者的紧密关系。此外，两届会议上"自由论坛"环节中各位专家的精彩发言也被整理成文，单列为"论坛"一篇，并将两届会议的日程、合照及来宾致辞等实况附于书后，以使读者详悉。

本书终得面世，一方面要感谢参与两届地区建筑学术研讨会策划、筹备及组织工作的老师、同学们。清华大学建筑学院单军工作室、天津大学六合工作室的师生们付出了最多辛劳。感谢单军教授、张玉坤教授的全程指导以及苑思楠、杨路、赵一舟、廖思宇、丁立男、丁潇颖及其他同仁的密切配合。另一方面要感谢深度参与本书策划、组稿、编辑工作的各位出版社同仁及单军工作室的研究生们，感谢卢倩、梁宇舒、黄华青、吴崇山、杜顿康、刘可、赵奕琳等在学习之余承担了大量琐碎的联系和文字整理工作，特别感谢连璐同学对本书图文编辑工作的全程参与。

由于统稿工作滞迟，两届会议文集待至2018年方能付梓，实感遗憾。但即便如此，这些报告和发言仍然是近年来地区建筑理论与实践进展的珍贵缩影，值得一读。希望本书能为广大读者提供一个了解当代中国地区建筑发展的窗口，也希望能有更多有识之士关注中国地区建筑的理论与实践发展。

2018年8月于清华园